W0248970

RACHAEL HALE

101 Rassekatzen

Porträts
Charakter
Merkmale

Aus dem Englischen von
Dörte Fuchs und Jutta Orth

KNESEBECK

Es gibt keine gewöhnlichen Katzen.

COLETTE

EINLEITUNG

Meine jahrelange Erfahrung in der Tierfotografie hat voll und ganz bestätigt, was ich schon immer über Katzen dachte: dass sie höchst willensstarke und unabhängige Wesen sind! Genau das macht das Porträtieren dieser Vierbeiner zu einer solch anspruchsvollen, lohnenden Angelegenheit. Während Hunde zufrieden an einem Ort sitzen bleiben, um mir einen Gefallen zu tun, wollen Katzen von den Anweisungen erst einmal überzeugt werden. Der Einsatz von Leckerbissen ist dabei sehr gefragt. Die Zeit, die man damit zubringt, mit diesen cleveren Lebewesen zu verhandeln, ist die Sache jedoch allemal wert – insbesondere, wenn am Ende das gewünschte Foto gelingt.

Katzen sind große Individualisten. Obwohl ich schon viele verschiedene Rassen und Temperamente kennengelernt habe, bin ich immer wieder erstaunt, wie unterschiedlich die Tiere sind und was für erstaunliche Charaktere sie haben! Noch nie bin ich einer Katze begegnet, die mich nicht bezaubert oder die ich nicht hätte mit nach Hause nehmen wollen. Dieses Buch enthält Porträts einiger der populärsten und charmantesten Katzenrassen, die mir bislang vor die Fotolinse kamen. Obwohl es keinen Anspruch auf Vollständigkeit erhebt, hoffe ich, dass Sie zumindest einige Ihrer Lieblingskatzen darin finden werden.

Inhalt

Kurzhaarkatzen

1. Abessinier Wildfarben

Abessinier sind eine stolze und elegante Rasse. Sie erhielt ihren Namen von den Engländern, die sie im 19. Jahrhundert aus Äthiopien, dem früheren Abessinien, mit nach Großbritannien brachten und auf Ausstellungen präsentierten. Vielfach herrscht die Ansicht, die Rasse gehe direkt auf die alten ägyptischen, von den Pharaonen verehrten Katzen zurück. Doch ihre genaue Herkunftsgeschichte ist bis heute ein Rätsel geblieben. Genetische Tests legen nahe, dass sie aus der westlichen Küstenregion Südostasiens stammt. In Deutschland wurden die ersten Abessinierkatzen 1933 beim Ersten Deutschen Edelkatzenzüchter-Verband (DEKZV) registriert. Abessinier gelten als hochintelligent, gelehrig und gehorsam. Sie genießen menschliche Gesellschaft, sind ausgesprochen treu und haben ein sanftes und kommunikatives Wesen. Man könnte meinen, sie seien in der Lage, die Gefühle ihres Besitzers nachzuempfinden.

Erscheinungsbild: Die »Kleopatra« der Katzenwelt trägt eine wunderschöne Zeichnung. Ihre bernsteinfarbenen, braunen oder grünen Augen sind durch einen dunklen, an den Augenwinkeln sanft nach oben geschwungenen Rand betont. Das auffällig getickte, sprich hell und dunkel gebänderte Fell schmiegt sich eng an den mittelgroßen, muskulösen und schlanken Körper an.

Fellfarben: Am weitesten verbreitet sind Abessinier in Wildfarben, Rot, Sorrel (Rotbraun), Blau und Fawn (Rehbraun). Jeder dieser Töne existiert auch in Silbervarianten. Darüber hinaus gibt es sie in Chocolate, Lilac (Zartlila), Creme und Schildpatt.

2. Bengalkatze Braun gestromt

Die stattliche und athletische Bengalkatze ging aus der Paarung asiatischer Leopardenkatzen und Hauskatzen hervor. Den ersten dokumentierten Versuch einer solchen Kreuzung führte 1963 eine amerikanische Genetikerin durch, die einen sanften Miniaturleoparden »kreieren« wollte. Der Grundstock der Bengalkatze, wie wir sie heute kennen, wurde jedoch erst in den 1980er Jahren herausgezüchtet. Im Lauf der Zeit entstand eine exotische und kräftige Katze, deren Fell mit großen Tupfen oder kleineren Ringen und Streifen gezeichnet ist. Bengalkatzen sind soziale und intelligente Tiere, die ihrem Besitzer liebevoll und treu zugetan sind. Sie lieben das Wasser und sind gelegentlich etwas wild, werden aber im Allgemeinen als charmant, freundlich und verspielt beschrieben.

Erscheinungsbild: Die mittelgroße bis große Bengalkatze hat einen geschmeidigen, langen und muskulösen Körper. Sie ist gekennzeichnet durch einen breiten, keilförmigen Kopf mit ausgeprägtem Schnurrhaarkissen und große, mandelförmige Augen. Die Beine sind kräftig und muskulös, die Pfoten rund und groß.

Fellfarben: Das dichte, üppige Fell der Bengalkatze gibt es in mehreren Farbvarianten, darunter Braun, Schwarz und Snow getupft oder gestromt.

3. Bengalkatze Braun getupft

Die außergewöhnlichen Tupfen dieser Bengalkatze sind rund und verbreitern sich an den Beinen. Tiere, deren Fell einen starken Kontrast zwischen Flecken und Grundfarbe aufweist, werden besonders geschätzt.

Eine Familie,
die sich keine Katze hält,
kann in vollkommener Gemütlichkeit leben,
aber welches Mittel hat sie,
es vor der Welt kundzutun?

MARK TWAIN

4. Bengalkatze Snow gestromt

Gestromte Bengalkatzen haben eine schöne Zeichnung aus Streifen und Kreisen. Sie sollte sich deutlich von der Grundfarbe abheben und klare Konturen aufweisen.

5. Britisch Kurzhaar Blau

Die würdevolle Britisch Kurzhaar ist ein liebevolles und sanftmütiges Tier. Sie soll schon in römischer Zeit nach Großbritannien gelangt sein und gilt als älteste Katzenrasse Englands. Dank ihres kurzen Fells ist sie sehr pflegeleicht. Ihre körperliche Kraft und ihr Jagdgeschick machten sie populär, gewöhnlich wurde sie zur Mäusejagd auf Segelschiffen eingesetzt. Auf den ersten Katzenausstellungen Ende des 19. Jahrhunderts gingen regelmäßig Britisch Kurzhaar als Siegerinnen hervor. Ihre große Fangemeinde schrumpfte, als die ersten Langhaarrassen eingeführt wurden, und fast drohte sie von der Bildfläche zu verschwinden. Die 1901 gegründete Short-Haired Cat Society sicherte ihr Überleben. Heute gilt die intelligente und gutmütige Britisch Kurzhaar als ideale Allroundkatze und ist ein beliebtes Haustier.

Erscheinungsbild: Wegen ihrer Größe, ihres muskulösen Körperbaus und Temperaments wird die Britisch Kurzhaar gerne als »sanfter Riese« bezeichnet. Kater sind bedeutend größer als Kätzinnen, beide besitzen kurzes, dichtes Fell.

Fellfarben: Britisch Kurzhaar werden in zahlreichen Farben und Mustern gezüchtet. Die beliebteste und bekannteste Farbe ist Blau. Die kupfer-, orange- oder goldfarbenen Augen harmonieren perfekt mit diesem Farbton.

6. Britisch Kurzhaar Lilac

Lilac ist der modernste Ton im Farbenspektrum dieser Rasse. Das Fell lilacfarbener Britisch Kurzhaar ist von einem zarten, kühlen Grau und weist einen ausgeprägten Rosaschimmer auf.

7. Britisch Kurzhaar Schwarz

Die schwarze Britisch Kurzhaar gilt als eine der ältesten Züchtungen dieser Rasse. Ihre magische Schönheit verdankt sie dem Kontrast zwischen ihren leuchtenden kupfer-, orange- oder goldfarbenen Augen und ihrem – von der Nasenspitze bis zu den Pfoten – pechschwarzen Fell.

8. Britisch Kurzhaar Blue-Point

Pointkatzen tragen ein helles Körperfell mit sich deutlich davon abhebenden farbigen Abzeichen an Gesicht, Ohren und Beinen. Britisch Kurzhaar gibt es in einer Reihe von Pointfarben. Das Fell der Blue-Point schimmert blauweiß, geht an Bauch und Brust ins Weiße über und kontrastiert schön mit der blaugrauen Zeichnung.

9. Britisch Kurzhaar Black-Tipped

Die Britisch Kurzhaar trägt ein Fell mit silbrigem Schimmer: Nur die äußersten Haarspitzen haben eine mehr oder weniger intensive schwarze Farbe, der Rest des Haares ist weiß. Die Augen sind nicht orange- oder kupferfarben, wie bei dieser Rasse ansonsten üblich, sondern grün. Durch ihre schwarze Umrandung stechen sie besonders hervor – als hätte die Katze Eyeliner aufgelegt.

10. Britisch Kurzhaar Seal-Point

Der warme Cremeton der Seal-Point verblasst an Bauch und Brust zu einem sehr hellen Beige. Die schwarzbraunen Abzeichen bilden einen starken Kontrast zur übrigen Fellfarbe.

11. Britisch Kurzhaar Silver-Tabby

Britisch Kurzhaar gibt es in allen drei Tabbymustern: gestromt, getigert oder getupft. Die Zeichnung kann in vielen verschiedenen Farben auftreten. Die Silver-Tabby gilt als die beliebteste der Britisch-Kurzhaar-Tabbys. Ihre pechschwarze Zeichnung auf silbergrauem Grund macht sie zu einer ausgesprochen attraktiven Vertreterin ihrer Art.

12. Britisch Kurzhaar Black-Smoke

Als »smoked« bezeichnet man Katzen, deren Fell einen kaum wahrnehmbaren weißen oder silberfarbenen Ansatz hat. Nur die Haarspitzen sind farbig pigmentiert. Diese Black-Smoke ist wirklich bezaubernd. In Ruhestellung erscheint sie einfarbig dunkel, doch sobald sie sich bewegt, schimmert das Unterfell durch und erzeugt einen Effekt wie schillernde Seide.

13. **Burmakatze** Blau

Die athletische und agile Burmakatze ist ein von Neugier getriebenes Energiebündel, das keinem Abenteuer aus dem Weg geht. Sie stammt von einer braunen Rasse namens »Rajah« ab, die buddhistische Mönche im 15. Jahrhundert in den burmesischen Tempeln hielten. In den 1930er Jahren brachte ein Dr. Joseph Thompson eine dunkelbraune Katze, die er »Wong Mau« nannte, aus Burma (Myanmar) nach San Francisco mit und kreuzte sie mit einem Seal-Point-Siamkater. Das Resultat dieser Paarung gilt als Urform der Burmakatze. Die intelligenten und loyalen Tiere sind gerne überall dabei und ziehen menschliche Gesellschaft oder das Zusammensein mit Artgenossen dem Alleinsein entschieden vor.

Erscheinungsbild: Burmakatzen sind mittelgroß, muskulös und kräftig gebaut. Sie haben einen runden Kopf mit breiten Backenknochen und weit auseinanderstehenden mittelgroßen Augen. Das kurze, dichte Fell schimmert seidig.

Fellfarben: Die meisten Menschen kennen Burmesen vor allem in traditionellem Walnussbraun. Chocolate, Blau und Platin sind neuere, inzwischen ebenfalls populäre Varianten. Blaue Burmakatzen besitzen ein silbergrau schimmerndes Fell, das auf dem Rücken und am Schwanz etwas dunkler erscheint.

14. Burmakatze Chocolate

Das honigfarbene Fell dieser hübschen Burmesin geht am Unterbauch in einen blassen Goldton über. Ohren und Gesicht sind etwas dunkler, was die goldgelben Augen besonders hervorhebt.

15. Burmakatze Creme

Der blasse Farbton cremefarbener Burmesen ist eigentlich ein verdünntes Rot. Gesicht, Ohren und Schwanz sind etwas dunkler gefärbt.

Ihre Aufgabe besteht darin,
dazusitzen und sich bewundern zu lassen.

GEORGINA STICKLAND GATES

16. Burmakatze Lilac

Die besondere Lilactönung der Burmakatzen galt ursprünglich als »minderwertiges Blau«, wird heute aber weitgehend akzeptiert und sogar als neue Farbvariante geschätzt. Das Farbspektrum reicht von zartem Blaugrau bis Rehbraun. Entscheidend ist der zartrosafarbene Schimmer des Fells.

17. **Burmakatze** Seal

Sealfarbene Burmakatzen bestechen vor allem durch das reine, satte Schwarzbraun ihres Fells, das an der Körperunterseite etwas heller ausfällt. Ihre Augen funkeln in einem strahlenden Goldgelb.

18. **Classicat** Chocolate

Bei der anhänglichen und liebenswürdigen Classicat handelt es sich eigentlich um eine gestromte Ocicat. Die Ocicat entstand in den 1960er Jahren durch die Verpaarung von Abessinier, Siamkatze und Amerikanisch Kurzhaar. Ziel dieses Züchtungsversuchs war die Hervorbringung einer gefleckten Katze, die in ihrem Aussehen, jedoch nicht ihrem Charakter einer Wildkatze gleichen sollte. Ihre Nachkommen sind nicht zwingend getupft, sondern zuweilen auch gestromt wie ihr Urahn Amerikanisch Kurzhaar. Das wunderschöne Fell der Classicat ist mit auffallenden, an Bullaugen erinnernden Abzeichen versehen, die sich klar vom Untergrund abheben. Die Rasse wird bisher ausschließlich in Neuseeland gezüchtet, wo sie auch ihren Namen erhielt, gewinnt aber immer mehr Anhänger. Als echte »Nobelkatze« pflegt die Classicat Starallüren und nutzt jede Gelegenheit, sich in Szene zu setzen. Doch auch wenn sie Fremde stets freudig begrüßt, ist sie ihrem Besitzer doch treu ergeben. Aufgrund dieser innigen Zuneigung und Hingabe wird sie hin und wieder mit einem Hund verglichen. Überdies ist sie intelligent und freundlich – kurz: eine perfekte Familienkatze.

Erscheinungsbild: Die graziöse Classicat hat wie die Ocicat einen athletischen und muskulösen Körperbau, ihr eng anliegendes Fell ist allerdings gestromt.

Fellfarben: Tawny (Gelbbraun), Chocolate, Wildfarben, Blau, Lavender (Zartlila) und Silber. (»Lavender« ist das amerikanische Äquivalent für »Lilac«.)

19. Cornish Rex Braun-Weiß

Katzen dieser Rasse haben einen eiförmigen Kopf, große Ohren und ein dichtes, gewelltes Fell, das an ein Waschbrett erinnert. Der Rücken wölbt sich leicht nach oben. Ihres schlanken, langen Körpers wegen wird die Cornish Rex oft als »Windhund« der Katzenwelt bezeichnet. Ihren Namen verdankt sie ihrer Herkunftsregion Cornwall und einer gewissen Ähnlichkeit mit dem Rexkaninchen, das ähnlich lockiges Fell besitzt. Die erste Cornish Rex wurde 1950 durch Zufall in einer Scheune entdeckt. Der kleine Kater mit dem ungewöhnlichen Fell, der den Namen »Kalibunker« erhielt, ist der Stammvater aller Vertreter dieser Rasse. Cornish Rex sind ausgesprochen munter und intelligent. Sie lieben das Spiel über alles und erweisen sich dabei als höchst erfindungsreich. Ihr freundliches und liebevolles Naturell macht sie zu unterhaltsamen Begleitern.

Erscheinungsbild: Locken über Locken machen die Cornish Rex zu einer der auffälligsten Katzenrassen. Sogar die Schnurrhaare kringeln sich. Das wunderbar weiche und seidige Fell ist so kurz, dass der lange, schlanke Körper, der dünne Schwanz und die lange Nase besonders hervortreten.

Fellfarben: Cornish Rex kommen in allen Farben und Zeichnungen vor.

20. Cornish Rex Creme

Creme gilt als »alte« und zugleich als eine der ersten exotischen Fellfarben. Tatsächlich handelt es sich um ein verdünntes Rot. So kann der Farbton zwischen warmen Rosa- und kühlen Cremetönen variieren. Sehr helle Nuancen sind besonders gefragt.

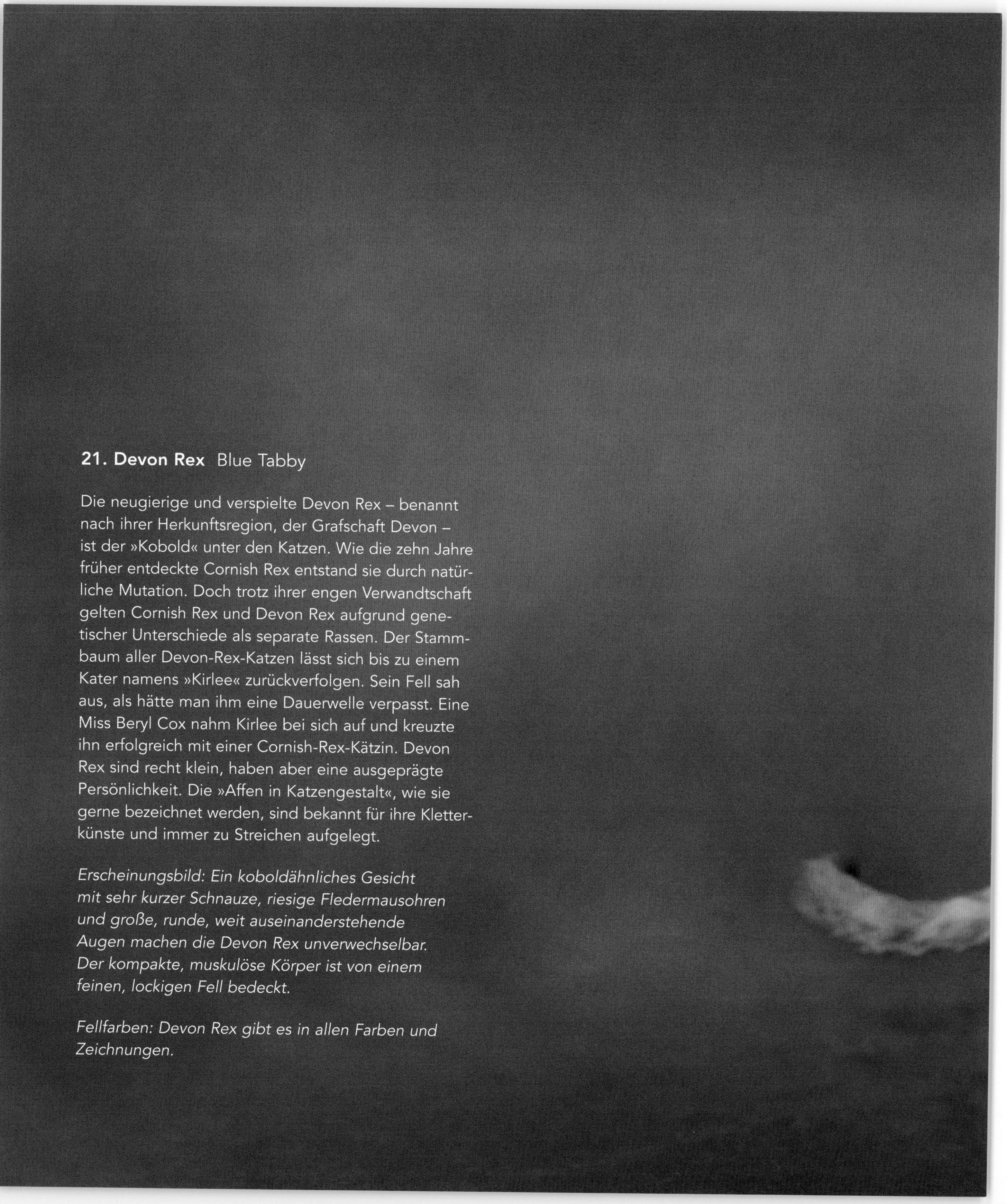

21. Devon Rex Blue Tabby

Die neugierige und verspielte Devon Rex – benannt nach ihrer Herkunftsregion, der Grafschaft Devon – ist der »Kobold« unter den Katzen. Wie die zehn Jahre früher entdeckte Cornish Rex entstand sie durch natürliche Mutation. Doch trotz ihrer engen Verwandtschaft gelten Cornish Rex und Devon Rex aufgrund genetischer Unterschiede als separate Rassen. Der Stammbaum aller Devon-Rex-Katzen lässt sich bis zu einem Kater namens »Kirlee« zurückverfolgen. Sein Fell sah aus, als hätte man ihm eine Dauerwelle verpasst. Eine Miss Beryl Cox nahm Kirlee bei sich auf und kreuzte ihn erfolgreich mit einer Cornish-Rex-Kätzin. Devon Rex sind recht klein, haben aber eine ausgeprägte Persönlichkeit. Die »Affen in Katzengestalt«, wie sie gerne bezeichnet werden, sind bekannt für ihre Kletterkünste und immer zu Streichen aufgelegt.

Erscheinungsbild: Ein koboldähnliches Gesicht mit sehr kurzer Schnauze, riesige Fledermausohren und große, runde, weit auseinanderstehende Augen machen die Devon Rex unverwechselbar. Der kompakte, muskulöse Körper ist von einem feinen, lockigen Fell bedeckt.

Fellfarben: Devon Rex gibt es in allen Farben und Zeichnungen.

Wenn ich mich mit einer Katze ergötze,
wer will sagen, ob ich ihr die Zeit
vertreibe oder sie mir?

MICHEL DE MONTAIGNE

22. Devon Rex Creme

Der warme Aprikosenton dieser Katze verdankt sich einem Fell mit rötlichen Farbspritzern, die einen wunderbaren Kontrast zu den bezaubernden blauen Augen bilden. Die Nasenspitze leuchtet rosafarben.

23. Ägyptische Mau Silber

Viele Experten halten die wunderschöne Ägyptische Mau für einen direkten Nachkömmling der Afrikanischen Wildkatze. Ihr Name leitet sich von dem ägyptischen Wort für Katze (»Mau«) ab, gleicht sie doch den Katzen, die von den alten Ägyptern verehrt, gesetzlich geschützt und nach dem Tod mumifiziert wurden. 1955 hatte die Ägyptische Mau ihr Debüt auf einer Katzenschau in Rom. Die exilierte russische Prinzessin Natalia Troubetskoy siedelte 1956 mit drei Tieren dieser Rasse in die Vereinigten Staaten über, wo sie ein erfolgreiches Zuchtprogramm startete. Die ausgesprochen treuen Katzen sind scheu gegenüber Fremden und entwickeln ein sehr enges Verhältnis zu ihrer Bezugsperson. Sie sind hochintelligent, lebhaft und gelehrig, lassen sich Tricks beibringen und können lernen, an der Leine zu gehen.

Erscheinungsbild: Die mittelgroße Ägyptische Mau weist einen kräftigen, muskulösen Körperbau auf. Bei Tabbyvarietäten zeichnet sich auf der Stirn ein charakteristisches »M« ab. Sie wird gerne mit der getupften Orientalisch Kurzhaar verwechselt.

Fellfarben: Die Ägyptische Mau kommt in Silber mit kohlschwarzen Abzeichen, in Bronze mit dunkelbraunem Muster und in Smoke mit pechschwarzer Zeichnung vor.

24. Exotisch Kurzhaar Schildpatt/Blau

Die populäre Exotisch Kurzhaar entstand in den 1950er Jahren in den USA durch die Kreuzung einer Perserkatze mit einem Amerikanisch-Kurzhaar-Kater. Das Ergebnis dieser Paarung war so reizvoll, dass man beschloss, die Zucht fortzusetzen. Ziel war die Entwicklung einer möglichst pflegeleichten Katze vom Persertyp, die deren Persönlichkeitsmerkmale mit einem kurzen Fell vereinte. 1966 erhielt die neue Rasse ihren Namen und wurde ein Jahr später erstmals als Exotisch Kurzhaar auf Ausstellungen präsentiert. Sie sind wie Perserkatzen sanft und ruhig – echte Haustiere eben. Dank ihres liebevollen, geduldigen Wesens haben sie sich eine große Fangemeinde erobert. Nichtsdestotrotz zeigen sie sich selbst im Erwachsenenalter noch verspielt und eignen sich daher wunderbar als Familienbegleiter.

Erscheinungsbild: Die Exotisch Kurzhaar hat den gedrungenen, stämmigen Körper, die kurzen Beine und das flache Gesicht einer Perserkatze. Ihr halblanges Fell ist dick, weich und flauschig.

Fellfarben: Exotisch Kurzhaar gibt es in fast allen Farben und Mustern.

25. Exotisch Kurzhaar Red-Tabby

Das Fell dieser attraktiven Katze schillert in warmen Rottönen, vom sanften Apricot der Grundfarbe bis zum Tiefrot der Zeichnung. Kupferfarbene Augen, ein ziegelroter Nasenspiegel und ebensolche Fußballen fügen sich harmonisch in das Farbschema ein. Exotisch Kurzhaar mit Tabbymuster können gestromt, getigert oder getupft sein. Auch Ticking ist möglich.

Es gibt wenige Tiere, in deren Gesicht der Kundige
so eindeutig die augenblickliche Stimmung
lesen kann wie in dem der Katze.

KONRAD LORENZ

26. Exotisch Kurzhaar Blue-Point

Während die hellen Fellpartien dieser Exotisch Kurzhaar einen kaum wahrnehmbaren Blauschimmer aufweisen, sind Gesicht, Ohren, Pfoten und Schwanz kräftiger gefärbt. Die lebhaften blauen Augen unterstreichen das edle Erscheinungsbild.

27. Japanische Stummelschwanzkatze Kurzhaar Weiß

Diese alte Rasse aus dem Fernen Osten trägt einen charakteristischen kurzen und geraden, gekrümmten oder geknickten Schwanz, der einer Quaste gleicht. In ihrem Ursprungsland Japan werden weiße Stummelschwanzkatzen mit schwarzem und rotem Muster »Mi-ke« genannt und seit Jahrhunderten verehrt. Sie sind auf alten japanischen Handrollen und Gemälden dargestellt und dienten als Modell und Inspirationsquelle für den berühmten japanischen Glücksbringer, die winkende Katze Maneki Neko. 1968 gelangte die Japanische Stummelschwanzkatze in die USA, wo einheimische Züchter auf sie aufmerksam wurden. Zehn Jahre später qualifizierte sie sich für einen Champion-Titel. Japanische Stummelschwanzkatzen sind sehr intelligent, ausgesprochen robust und lebhaft. Sie können sich als echte »Schwatzbasen« entpuppen und amüsieren ihr Publikum gerne mit kleinen Kunststücken, etwa dem Apportieren von Gegenständen. Auch ein Spazierritt auf den Schultern eines Gewillten ist immer willkommen.

Erscheinungsbild: Japanische Stummelschwanzkatzen sind mittelgroß, haben einen schlanken, muskulösen Körper und einen keilförmigen Kopf mit großen Ohren und ovalen Augen. Der dicke, flauschige Stummelschwanz, dem sie ihren Namen verdanken, gleicht dem eines Kaninchens.

Fellfarben: Diese Katzenrasse wird in vielen Farb- und Mustervarianten gezüchtet, am beliebtesten sind weiße Katzen mit schwarzen und roten Abzeichen (Mi-ke).

28. **Korat** Silberblau

In ihrer Heimat Thailand wird diese alte Rasse nach der Farbe der Sawatnuss »Si-Sawat« genannt. Sie gilt als Glücksbringerin und taucht bereits im 14. Jahrhundert in der thailändischen Literatur und auf Gemälden auf. Ihr blaugraues, silbern schimmerndes Fell lässt an Regenwolken denken, ihre grünen Augen erinnern an junge Reispflanzen. Ihrem Besitzer soll sie prächtige Ernten und großen Wohlstand bescheren. Eine Braut, die an ihrem Hochzeitstag ein Katzenpaar geschenkt bekam, konnte sich glücklich schätzen, denn ihrer Ehe würde Erfolg beschieden sein. Die Korat erhielt ihren offiziellen Namen durch einen thailändischen König, der sie nach der gleichnamigen Provinz im Nordosten des Landes benannte. Aufgrund der ihr entgegengebrachten Verehrung wurde sie nur selten verkauft, so dass sie außerhalb Thailands bis heute relativ selten ist. 1896 nahm sie erstmals in London an einer Schau teil, 1959 in den Vereinigten Staaten. Korats sind treu, liebevoll und intelligent und verstehen es, die Aufmerksamkeit ihres Besitzers auf sich zu ziehen. Sie gelten als reviertreu und kinderlieb und eignen sich daher gut als Familienkatze.

Erscheinungsbild: Die mittelgroßen, kompakt und muskulös gebauten Katzen haben einen herzförmigen Kopf mit großen, strahlend grünen, weit auseinanderstehenden Augen.

Fellfarbe: Korats gibt es nur in der Farbe Silberblau, ohne jede Point- oder Tabbyzeichnung. Der Silberschimmer entsteht dadurch, dass die Haare an der Wurzel heller sind als an der Spitze.

29. Mandalay Chocolate

Die Mandalay ist eine moderne Rasse, die in den 1980er Jahren in Neuseeland aus zwei zufälligen Kreuzungen zwischen einfarbigen Hauskatzen und Burmakatzen entstand. Aus beiden Paarungen gingen Kätzchen hervor, die vom Typ her der letztgenannten Rasse glichen, deren Fell jedoch viel intensiver gefärbt war. Anders als die Burmakatze kommt die Mandalay in einer großen Bandbreite an kräftigen Farben vor. Auch ihre Augen leuchten stärker. Mandalays sind aktive und intelligente Katzen, die am Leben ihres Besitzers teilhaben möchten. Ihrer verspielten, manchmal etwas tollpatschigen Art kann man kaum widerstehen.

Erscheinungsbild: In Typus und Temperament gleicht die Mandalay der Burmakatze, doch gibt es sie in wesentlich mehr Farbvarianten. Mandalays sind mittelgroß und muskulös und tragen ein seidiges, kurzes Fell.

Fellfarben: Schwarz, Blau, Chocolate, Cinnamon (Zimtfarben), Lavender (Zartlila), Fawn (Rehbraun), Rot, Creme, Karamell und Apricot mit Zeichnung sowie Schildpatt in Karamell, Schwarz, Blau, Chocolate und Lavender.

30. **Mandalay** Lilac

Die goldenen Augen dieser Mandalay bilden einen starken Kontrast zu dem in hellem Blaugrau schimmernden Fell, das idealerweise gleichmäßig durchgefärbt ist. Die Fußballen sind rosa, der Nasenspiegel ist blaugrau.

31. Manx Brown-Tabby

Die Manx entstand vor mehreren Jahrhunderten auf der Isle of Man. Wie üblich bei alten Katzenrassen, ranken sich auch um sie viele Legenden. Darin geht es vor allem um die Frage, wie die Katze ihren Schwanz verlor. Haben ihn womöglich die Wikinger gestohlen? Oder war Noahs Hund der Übeltäter? Die moderne Wissenschaft begründet ihr seltsames Erscheinungsbild mit einer spontanen Mutation. Manxkatzen sind intelligent, verspielt und treu und binden sich gerne an eine bestimmte Person. Auch wenn man es kaum für möglich hält, sind die Tiere wahre Sprungkünstler. Wo andere Katzen den Schwanz einsetzen, um das Gleichgewicht zu halten, nutzen sie die Hinterbeine.

Erscheinungsbild: Manxkatzen haben einen kurzen, stämmigen Körper, der aufgrund des fehlenden Schwanzes besonders kompakt wirkt. Ihr runder Kopf mit den ausgeprägten Backen trägt große, sanft blickende Augen. Die Hinterbeine sind länger als die Vorderbeine. Es gibt sie mit kurzem und halblangem Fell (letztere Varietät heißt »Cymric«).

Fellfarben: Manx gibt es in allen Farben und Zeichnungen, außer in Pointvarianten.

32. Ocicat Chocolate

Die intelligente und gelehrige Ocicat ist eine moderne getupfte Rasse, die durch ihr »wildes« Aussehen bei zugleich freundlichem Charakter besticht. Die Züchtung geht auf die 1960er Jahre zurück, als in den USA Abessinier, Siamkatzen und Amerikanisch Kurzhaar gekreuzt wurden. Wegen ihrer Ähnlichkeit mit einem Ozelot taufte man sie »Ocicat«. Trotz ihres verwegenen Erscheinungsbilds benimmt sie sich keineswegs »unzivilisiert«, im Gegenteil: Sie besitzt ein gewinnendes und soziales Wesen, genießt die Zuwendung bekannter wie fremder Personen und ist für jeden Spielkameraden dankbar. Ihren Besitzern ist sie so treu ergeben, dass sie zuweilen mit einem Hund verglichen wird. Man kann ihr sogar beibringen, an der Leine zu gehen und auf Kommandos zu hören.

Erscheinungsbild: Die Ocicat ist muskulös und kräftig und wirkt dabei dennoch grazil und sehr beweglich. Ihr feines, seidig schimmerndes, eng anliegendes Fell ist – abgesehen vom Schwanz – vollständig getickt.

Fellfarben: Tawny (Gelbbraun), Chocolate, Cinnamon (Zimtfarben), Blue (Blau), Lavender (Zartlila), Fawn (Rehbraun), Silver (Silber), Chocolate-Silver, Cinnamon-Silver, Blue-Silver, Lavender-Silver und Fawn-Silver.

33. Ocicat Chocolate-Silver

Silberfarbene Ocicats mit schokoladenbrauner Zeichnung gehören zu den populärsten Vertretern ihrer Rasse. Dabei darf die Grundfarbe von einem kühlen reinen Silber bis zu wärmeren, leicht ins Rostrote spielenden Tönen reichen.

Wie jeder weiß, der eine Weile mit einer Katze zusammengelebt hat, haben diese Tiere unendlich viel Geduld mit den Grenzen des menschlichen Verstandes.

CLEVELAND AMORY

34. Ocicat Tawny

Diese Katze trägt ein bronzefarbenes Fell mit einer schwarzen oder dunkelbraunen Tabbyzeichnung. Der ziegelrote Nasenspiegel und die glänzenden Augen sind durch schwarze Ränder betont.

35. **Russisch Blau** Blau

Die Russisch Blau ist eine alte Rasse, die ihrer Herkunft wegen auch die Namen Archangelskkatze beziehungsweise Archangelsk Blau trug. In der Gegend um Archangelsk in Nordrussland wird ihr Ursprung vermutet. Einer Legende zufolge stammt sie von einer Katze des russischen Zaren ab. In den 1860er Jahren gelangte die Rasse nach England und Nordeuropa, 1875 wurde zum ersten Mal eine Russisch Blau im Londoner Kristallpalast ausgestellt. Englische und skandinavische Züchter bauten nach dem Zweiten Weltkrieg separate Zuchtlinien auf, doch der Typus, den wir heute kennen, entstand erst in den 1960er Jahren durch Rückzüchtung. Russisch Blau sind ausgesprochen sanft, sehr scheu gegenüber Fremden und fühlen sich auch als reine Hauskatzen wohl. Sie gelten als extrem sensibel und empathisch.

Erscheinungsbild: Russisch Blau sind mittelgroß, filigran gebaut und haben einen langen, muskulösen Körper. Ihr kurzes, dichtes, gleichmäßig blaues Fell besitzt helle Haarspitzen, was ihm einen silbernen Schimmer verleiht. Die edel wirkende Katze hat einen keilförmigen Kopf mit schönen, lebhaften grünen Augen. Das Innere ihrer großen Ohren ist nahezu unbehaart.

Fellfarbe: Diese Katzenrasse gibt es nur in Blau.

36. Schottische Faltohrkatze Chocolate

1961 entdeckte ein schottischer Schäfer in einem Wurf Farmkatzen ein weißes Kätzchen mit einem eulenhaften Gesichtsausdruck, den es seinen seltsam nach vorne geklappten Ohren verdankte. Ein männlicher Nachkomme dieser Kätzin wurde zum Stammvater der Rasse. Da in der Folgezeit immer wieder Katzen mit Gliedmaßenanomalien geboren wurden und der Governing Council of the Cat Fancy (GCCF) aufgrund dessen die Anerkennung der Rasse ablehnte, wurde die Zucht in den 1970er Jahren in die USA verlagert. 1976 erkannte die Cat Fanciers' Association (CFA) die Schottische Faltohrkatze oder Scottish Fold als Rasse an. Faltohrkatzen sind geschickte Jägerinnen und kommen sehr gut mit Kindern aus. Die geduldigen und sanften Tiere fühlen sich in menschlicher Gesellschaft besonders wohl, vertragen sich gut mit anderen Haustieren und passen sich problemlos an eine neue Umgebung an.

Erscheinungsbild: Die charakteristischen Ohren, die der Rasse ihren Namen gaben, sind klein, abgerundet und nach vorne und unten gefaltet, was die breite, runde Form des Kopfes unterstreicht. Der kräftige, stämmige Körper ruht auf kurzen, muskulösen Beinen. Schottische Faltohrkatzen tragen ein dickes, dichtes Fell. Inzwischen gibt es auch Halblanghaarvarietäten mit üppigem Pelz, unter dem die Ohren fast verschwinden.

Fellfarben: Schottische Faltohrkatzen werden in allen Farben und Zeichnungen gezüchtet.

37. Selkirk Rex Chocolate

Die Selkirk Rex ist die größte Rexkatze und entstand als spontane Mutation in den 1980er Jahren in den USA. Sie besitzt ein dominantes Gen, das ein extrem weiches und sanft gewelltes oder gelocktes Fell hervorbringt, dem sie ihren Kosenamen »Schäfchenkatze« verdankt. Ihr offizieller Name bezieht sich auf ihren Herkunftsort, die Selkirk Mountains, in deren Nähe 1987 erstmals ein lockiges Kätzchen in einem Wurf gewöhnlicher Hauskatzen auftauchte. Die Züchterin Jeri Newman nahm sich seiner an, taufte es »Miss De Presto« und kreuzte es mit einer schwarzen Perserkatze. Drei Nachkommen aus diesem Wurf trugen das »Locken-Gen« und begründeten den Stammbaum der Rasse. Selkirk Rex sind liebevoll, verspielt und sanft. Ihr strubbeliges Fell und ihre stämmige Gestalt machen sie äußerst reizvoll.

Erscheinungsbild: Die »Teddybären« unter den Rexkatzen verdanken ihr Äußeres dem dicken, üppigen, sanft gelockten oder gewellten Fell, das ihren stämmigen, muskulösen Körper bedeckt. Sie haben einen rundlichen Kopf mit kurzen, gekräuselten Schnurrhaaren und intelligent blickenden Augen in Kupfer, Gold, Gelb oder Grün. Selkirk Rex können als Kurzhaar- und Langhaarkatzen auftreten.

Fellfarben: Diese Katzenrasse kommt in allen Farben und Zeichnungen vor.

38. Selkirk Rex Cream-Point

Sehr zart wirkt dieses Kätzchen mit seinem creme-farbenen Fell, der rosafarbenen Nasenspitze und den hellbraunen Abzeichen. Sein eindringlicher Blick aus leuchtend blauen Augen verleiht ihm außerdem etwas Theatralisches.

Wenn meine Katzen unglücklich sind, bin ich es auch.
Nicht weil ich mir um ihre Gemütsverfassung Sorgen mache,
sondern weil ich weiß, dass sie bloß dasitzen
und darüber nachdenken, wie sie es mir heimzahlen können.

PERCY BYSSHE SHELLEY

39. Selkirk Rex Lilac-Point

Mit ihrem weißen Fell und den kühlen grauen Abzeichen erinnert diese Selkirk Rex an einen blauäugigen Eisbären.

40. Singapura Seal-Sepia

Die zarte Singapura gehört zu den kleinsten Rassekatzen. Da man ihren Ursprung an den Ufern des Singapur vermutete, nannte man sie zunächst »Singapore River Cat«, taufte sie jedoch später auf den malaysischen Namen der Inselrepublik. In ihrer Heimat wird sie sehr verehrt. Ihre moderne Erfolgsgeschichte verdankt sie dem amerikanischen Züchterpaar Hal und Tommy Meadows, die in den 1970er Jahren vier ungewöhnliche, silberfarbene Katzen vom Abessiniertyp aus Singapur mit in die USA nahmen und dort erfolgreich miteinander paarten. Nach einigem Hin und Her konnten sie die neue Rasse schließlich in den Vereinigten Staaten etablieren. Dort ist sie heute recht populär, in Europa allerdings nur selten vertreten. Die Singapura besitzt ein freundliches, sanftes Wesen, ist verspielt und intelligent. In menschlicher Gesellschaft fühlt sie sich besonders wohl, sie eignet sich gut als Wohnungskatze.

Erscheinungsbild: Trotz ihrer zierlichen Gestalt ist die Singapura muskulös und hat einen athletischen Körper. Sie trägt kurzes, seidiges, eng anliegendes Fell. Der kleine, rundliche Kopf wird von großen, ausdrucksstarken Augen und riesigen Ohren beherrscht.

Fellfarbe: Singapuras kommen nur in Seal-Sepia vor. Ihr Fell ist stellenweise im Tabbymuster getickt, an den Innenseiten der Beine gestreift und an den Körperunterseiten cremefarben.

41. **Snowshoe** Chocolate Tortie

Diese moderne amerikanische Rasse verdankt ihren Namen den auffallend weißen Pfoten, die an Schneeschuhe – englisch »snowshoes« – erinnern. Die amerikanische Züchterin Dorothy Hinds-Daughtery aus Pennsylvania entdeckte in den 1960er Jahren in einem Wurf Siamesen Kätzchen mit weißen Abzeichen, die ihre Aufmerksamkeit erregten. Um die typische Fellzeichnung der Snowshoe zu etablieren, kreuzte sie diese Siamesen mit Amerikanisch Kurzhaar Bicolour. Das Ergebnis war eine wohlproportionierte, elegante Katze, die die Schlacksigkeit der Siamkatze mit der eher kompakten Erscheinung der Amerikanisch Kurzhaar vereint. Dank ihres sanften, ruhigen Naturells bewahrt die »Schneeschuhkatze« in jeder Situation einen kühlen Kopf und ist somit eine ideale Schaukatze. In den 1980er Jahren erlangte sie Championship-Status bei der Cat Fanciers' Federation (CFF). Snowshoes sind liebevolle, dem Menschen zugewandte und gesellige Haustiere.

Erscheinungsbild: Die muskulöse, mittelgroße Snowshoe hat ein kurzes, glänzendes Fell mit Pointzeichnung und weißen Pfoten. Dunkle, an den Spitzen abgerundete Ohren sitzen auf einem keilförmigen Kopf mit großen blauen Augen.

Fellfarben: Snowshoes werden in den klassischen Siamfarben gezüchtet und haben weiße Abzeichen im Gesicht und an den Pfoten. Am beliebtesten sind Seal-Point und Blue-Point. Bei Bicolour-Snowshoes bildet die Weißzeichnung im Gesicht im Idealfall ein umgekehrtes »V«.

42. Sphynx Bicolour

Die schlanke, nackte Sphynx, benannt nach der altägyptischen Sphinx, zieht allein schon wegen ihres ungewöhnlichen Äußeren alle Blicke auf sich. Tatsächlich ist ihr Körper nicht völlig nackt, sondern von einem feinen Flaum bedeckt. Schon die Azteken hielten haarlose Katzen, doch die moderne Sphynx geht auf eine spontane Mutation zurück, die erstmals 1966 in Kanada auftrat: Im Wurf einer schwarz-weißen Hauskatze entdeckte man ein kahles Kätzchen, mit dem ein Zuchtprogramm gestartet wurde. Seither faszinieren Nacktrassen überall auf der Welt das Publikum von Katzenschauen. Im Jahr 2002 erlangten Sphynx bei der Cat Fanciers' Association (CFA) Championship-Status. Sie sind intelligent, anhänglich und verschmust und blühen in menschlicher Gesellschaft auf. Außerdem gelten sie als sensibel und sanft und sind zugleich neugierig und verspielt – alles in allem wunderbare Familienkatzen.

Erscheinungsbild: Die Sphynx hat einen mittelgroßen, feingliedrigen und muskulösen Körper, lange, schlanke Beine und einen spitz zulaufenden Schwanz. Die Form ihrer tief liegenden Augen erinnert an Zitronen. Die riesigen Ohren sind an den Spitzen gerundet.

Fellfarben: Nacktkatzen kommen in allen Farben und Zeichnungen vor.

43. Tempelkatze Weiß

Die moderne Tempelkatze ist eine neuseeländische Hybride, die aus der Kreuzung einer Birmakatze mit einer zimtfarben getupften Orientalisch Kurzhaar hervorging. Mitte der 1990er Jahre führte die neuseeländische Züchterin June Mateer erste Paarungsversuche durch. Sie wollte eine pflegeleichte, kurzhaarige Rasse mit den charakteristischen weißen »Handschuhen« der Birmakatze züchten. Schon bald kamen eine schöne Seal-Point und eine Chocolate-Tabby zur Welt. Diese beiden Kätzchen gelten als Urahnen der Tempelkatze, die ursprünglich als »Birma Kurzhaar« bezeichnet wurde und erst 2001 ihren heutigen, bildhafteren Namen erhielt. Tempelkatzen sind gesellig, liebevoll und unkompliziert zu halten. Sie drängen sich nicht auf, wenn man keine Zeit für sie hat, werden einen Platz auf dem Schoß aber niemals verschmähen.

Erscheinungsbild: Katzen dieser Rasse haben die kräftige Statur, die dunklen Abzeichen und die charakteristischen weißen Pfoten der Birmakatze sowie das seidige, feine Kurzhaarfell der Orientalisch Kurzhaar.

Fellfarben: Die Tempelkatze gibt es in den Pointvarianten Schildpatt und Tabby und in den acht Grundfarben Seal (Sandfarben), Blau, Chocolate, Lilac (Zartlila), Rot, Creme, Cinnamon (Zimtfarben) und Fawn (Rehbraun).

44. Tonkanese Chocolate-Tabby

Tonkanesen vereinen Schönheit und Intelligenz auf geradezu perfekte Weise. Die Rasse entstand in den 1930er Jahren in den USA aus der Paarung von Siamesen und Burmesen. Ihr Stammbaum lässt sich zurückverfolgen bis zu der berühmten »Wong Mau«, der Urmutter aller Burmakatzen, die Dr. Joseph Thompson seinerzeit aus Burma (Myanmar) mitbrachte. Ursprünglich wurden Tonkanesen als »Goldene Siamesen« bezeichnet. Ihr heutiger Name verweist auf die vietnamesische Region Tonkin an der Grenze zu Burma (Myanmar) und Thailand, der Heimat von Burma- und Siamkatze. Tonkanesen sind liebevoll, rennen, springen und spielen gern. Am wohlsten fühlen sie sich in Gesellschaft.

Erscheinungsbild: Tonkanesen sind mittelgroß und etwas kräftiger als Siamesen, aber nicht so stämmig wie Burmesen. Sie tragen die dunklen Abzeichen der Siamkatze, ihre Grundfarbe ist jedoch wesentlich intensiver.

Fellfarben: Die Rasse wird in vielen Farben gezüchtet.

Halblanghaarkatzen

45. Birma Blue-Point

Die ansehnliche, majestätische Birma wird auch als »heilige Katze von Birma« bezeichnet. Einer Legende zufolge bewachten vor vielen Jahrhunderten 100 weiße Katzen mit gelben Augen den Tempel von Lao-Tsun, welcher der goldfarbenen, blauäugigen Göttin Tsun-Kyan-Kse geweiht war. Eines Tages stürmten Angreifer den Tempel. Diesem Überfall fiel auch der Hohepriester zum Opfer. Er lag schon im Sterben, als sein Lieblingskater Sinh mit den Pfoten seinen Körper berührte und dabei die goldene Göttin anblickte. Ein Wunder geschah: Seine Augen wurden blau, und sein Fell färbte sich golden. Die Pfoten jedoch blieben weiß. Diese Legende wird der wunderschönen Birma vielleicht eher gerecht als die wesentlich prosaischeren Berichte über ihre tatsächliche Herkunft. Die meisten Experten stimmen darin überein, dass ein aus Burma (Myanmar) importiertes Tier 1919 in Frankreich die Urahnen der modernen Birmakatze gebar. Birmesen können Temperament entwickeln, sind im Allgemeinen aber sanft, ausgeglichen und ruhig. Sie zeichnen sich durch Intelligenz aus und sind ihrem Besitzer treu ergeben.

Erscheinungsbild: Die mittelgroßen, langen, stämmigen Katzen dieser Rasse haben kurze, kräftige Beine und einen großen, runden Kopf. Sie tragen ein langes, seidiges Fell mit den charakteristischen farbigen Abzeichen und haben weiße Pfoten.

Fellfarben: Birmakatzen gibt es in den Pointvariationen Seal (Sandfarben), Blau, Chocolate, Lilac (Zartlila), Rot und Creme. Unabhängig von der Fellzeichnung haben alle Birmakatzen weiße »Socken«.

46. Birma Red-Point

Die großen blauen Augen dieser beiden Kätzchen harmonieren wunderschön mit dem warmen Cremeton des Fells und den orangefarbenen Abzeichen. Die linke Katze zeigt eine typische Tabby-Point-Zeichnung.

47. Cymric Grau-Weiß

Die selbstbewusste, freundliche Cymric (sprich: Kimrick oder Kum-rick) ist die langhaarige Variante der schwanzlosen Manx. Ihr Name leitet sich vom walisischen Wort für Wales (Cymru) ab. Wie die Manx stammt sie von der Isle of Man, die in der Irischen See vor der britischen Küste liegt. Auch ihr Stammbaum lässt sich auf diese Rasse zurückführen, denn aus der Paarung kurzhaariger Manxkatzen gingen manchmal langhaarige Nachkommen hervor. Diese natürliche Mutation fand in ihrer Heimat wenig Anklang. Erst in den 1960er Jahren gewann sie Liebhaber in Amerika und Kanada und wurde dort als eigene Rasse etabliert. Cymrics sind fröhlich, aufgeweckt und sanftmütig. Sie schließen sich gerne an eine einzige Person an, sind außerordentlich verspielt und ausgezeichnete Mäusejäger. Sie halten sich gerne im Freien auf, eignen sich aber auch als Wohnungskatze.

Erscheinungsbild: Die stämmige, kräftig gebaute Cymric gleicht in jeder Hinsicht der Manx – abgesehen von dem halblangen, dicken, weichen Fell, das am Hals und an den Flanken besonders üppig ausfällt. Sie hat einen runden Kopf, große runde Augen und an der Spitze abgerundete Ohren. Ihre Hinterbeine sind länger als die Vorderbeine.

Fellfarben: Cymrics werden nur in natürlichen Farben und Zeichnungen gezüchtet.

48. Cymric Brown-Tabby

Das glänzende, kupferbraune Fell dieser Katze ist schwarz gezeichnet. Cymrics sind verspielt und neugierig. Man glaubt es ihnen an der ziegelroten Nasenspitze geradezu ansehen zu können.

49. Highland Fold Brown-Tabby

Die Highland Fold ist eine bezaubernde Variante der Schottischen Faltohrkatze, in deren Stammbaum auch Katzen mit Langhaar-Gen vertreten sind. Dieses Gen ist jedoch rezessiv. Um das charakteristische Merkmal der Rasse, die Faltohren, dauerhaft zu etablieren, wurden Schottische Faltohrkatzen mit geeigneten Vertretern anderer Kurzhaarrassen gekreuzt, so dass nur selten Kätzchen mit langem Fell zur Welt kamen. Erst Anfang der 1980er Jahre begannen Amerikaner diese Variante gezielt zu züchten. Wie bei der Schottischen Faltohrkatze knicken auch bei der Highland Fold die Ohren etwa einen Monat nach der Geburt nach vorne ab. Dies verleiht ihnen das Aussehen von Eulen oder Teddybären – ein Effekt, den das lange, dichte Fell noch unterstreicht. Seitdem der Rasse 1986 durch die International Cat Association (TICA) und 1993 durch die Cat Fanciers' Association (CFA) Champion-Status erhielt, wird sie immer populärer. Katzen dieser Rasse sind ruhig, gutmütig und liebevoll.

Erscheinungsbild: Die mittelgroße Highland Fold trägt dichtes, halblanges bis langes Fell, das sich am Hals zu einer richtigen Löwenmähne entwickeln kann, einen runden Kopf und einen buschigen Schwanz. Große, runde Augen verleihen ihr einen sanften Gesichtsausdruck.

Fellfarben: Highland Folds gibt es in allen Farben und Zeichnungen, außer in Chocolate, Lilac (Zartlila) oder Colourpoint.

50. Highland Fold Silver-Tabby

Die dunkle Zeichnung dieser Katze bildet einen schönen Kontrast zur hellsilbernen Grundfarbe des Fells. Die Augen der Highland Fold leuchten grün, golden oder, wie hier, bernsteingelb.

51. **Highland Variant** Creme

Auch die sanfte, freundliche Highland Variant gehört zur Familie der Faltohrkatzen. Als Anfang der 1960er Jahre mit der Zucht Schottischer Faltohrkatzen begonnen wurde, kreuzte man immer wieder Tiere aus normalen Zuchtlinien ein. Daher trugen nicht alle Kätzchen eines Wurfs das für die Faltohren verantwortliche Gen. Langhaarige Tiere mit geraden Ohren aus dieser Zuchtlinie werden »Highland Variant« genannt. Sie gelten als extrem ruhig und gelassen und eignen sich daher ausgezeichnet als Familienkatzen. Mit kleinen Kindern und anderen Haustieren kommen sie hervorragend aus. Die liebevollen und geselligen Tiere genießen das Zusammensein mit Menschen und machen es sich gerne auf ihrem Schoß bequem. Sie sind sehr gelassen und pflegeleicht.

Erscheinungsbild: Die Highland Variant hat ein halblanges plüschiges Fell und einen vollen, buschigen Schwanz mit fedriger Spitze. Unter der üppigen Halskrause sind die Ohren kaum noch zu sehen. Der runde Kopf wird von großen, sanft blickenden Augen beherrscht.

Fellfarben: Die Highland Variant kommt in allen Farben und Zeichnungen vor.

52. Japanische Stummelschwanzkatze Halblanghaar Schwarz-Weiß

Die elegante Schwester der kurzhaarigen Japanischen Stummelschwanzkatze ist aus einer natürlichen Mutation dieser alten Rasse entstanden. Sie trägt ein seidenweiches Fell und soll – wie ihre nahe Verwandte – schon seit Jahrhunderten existieren. In den nördlichen Provinzen Japans war sie besonders populär. Man findet sie auf vielen Gemälden, unter anderem auf einem Bild aus dem 15. Jahrhundert, das zwei Langhaarkatzen mit säuberlich gescheiteltem Fell zeigt. Wie so viele natürliche Seitenlinien wurde sie zunächst kaum beachtet. Erst Mitte der 1950er Jahre zog sie die Aufmerksamkeit auf sich, 1991 erkannte die International Cat Association (TICA) sie schließlich als eigene Rasse an. Die halblanghaarige Japanische Stummelschwanzkatze, auch als Japanese Bobtail bekannt, ist intelligent, gesellig und nicht leicht aus der Ruhe zu bringen. Ihre Liebenswürdigkeit und Verspieltheit machen sie zu einer idealen Familienkatze.

Erscheinungsbild: Halblanghaarige Japanische Stummelschwanzkatzen sind mittelgroß, besitzen ein halblanges bis langes seidenweiches Fell und einen charakteristisch kurzen, dicken und flauschigen »Pompon«-Schwanz. Der Hals ist lang, die Ohren sind groß, die Augen oval.

Fellfarben: Zahlreiche Farben und Zeichnungen sind möglich. Am populärsten sind weiße Katzen mit schwarzen und roten Abzeichen (Mi-ke).

53. LaPerm Chocolate-Ticked-Tabby

Die LaPerm, eine echte Schönheit mit lockigem Fell, ist eine moderne Rasse mit einem überaus angenehmen Naturell. 1982 kam es in Oregon in den USA zu einer Spontanmutation. Ein weibliches Tier aus einem Wurf von Kurzhaarfarmkatzen kam völlig haarlos zur Welt und war außerdem etwas kleiner und länger als seine Geschwister. Zwei Monate später entwickelte dieses Kätzchen ein lockiges Fell. Es wurde auf den Namen »Curly« getauft und zur Stammmutter der wegen ihrer Fröhlichkeit und Gelassenheit sehr geschätzten Rasse. Die Katzen sind unglaublich liebevoll und zutraulich. Obwohl die LaPerm als sehr aktiv gilt, rollt sie sich auch gerne zufrieden im Schoß ihres Besitzers zusammen oder beginnt mit gespreizten Pfoten zu treteln. Sie sucht aktiv Körperkontakt und reibt mit Vorliebe den Kopf an ihren menschlichen Bezugspersonen.

Erscheinungsbild: Das hübsch zerzauste Fell der LaPerm kann lang- oder kurzhaarig sein. Der Körper ist klein, aber gut proportioniert, die Beine sind lang. Der annähernd keilförmige Kopf mit den großen, mandelförmigen Augen sitzt auf einem langgestreckten Hals.

Fellfarben: Alle Farbschläge und Fellzeichnungen kommen vor. Bei getickten Tabbys sind die Haare mehrfach hell und dunkel gebändert (heller an den Wurzeln, dunkler an den Spitzen). Nur Gesicht, Hals, Beine, Bauch und Schwanz tragen Spuren der typischen Tabbyzeichnung.

54. LaPerm Schwarz

Rabenschwarz – von den Haarspitzen ihres dichten, lockigen Fells bis zu den Pfotenballen – ist diese dunkle Schönheit. Selbst der Nasenspiegel wirkt wie schwarz getuscht. Umso eindrucksvoller leuchten die hellen, grünlich funkelnden Augen.

Katzenliebhaber sind anders, das heißt,
sie sind gewöhnlich Nonkonformisten.
Wie sollte es auch sonst sein,
wenn eine Katze ihr Leben bestimmt?

LOUIS J. CAMUTI

55. LaPerm Silber

Das Fell dieser Katze leuchtet geradezu betörend. Die Grundfarbe der silbernen LaPerm oder der Chinchilla ist ein reines, strahlendes Weiß, die Haare an Rücken, Flanken, Kopf und Schwanz haben schwarz gefärbte Spitzen.

56. Maine Coon Blau

Die hübsche und würdevolle Maine Coon gilt als die erste in Amerika gezüchtete Rasse. Sie ist groß und robust – eine echte Farmkatze, die an wechselnde Klimaverhältnisse ebenso wie an unterschiedliche Umgebungen gewöhnt und für ihr ausgezeichnetes Jagdgeschick bekannt ist. Europäische Händler und Seefahrer sollen sie im 19. Jahrhundert nach Maine gebracht haben. Die Tabbykatze mit dem buschigen Schwanz wurde oft mit dem Waschbären (engl. »racoon«) verglichen – vermutlich verdankt sie dieser Ähnlichkeit ihren Namen. Berichten zufolge wurden erste Exemplare dieser Rasse bereits Ende des 19. Jahrhunderts auf Katzenausstellungen der Farmer Neuenglands präsentiert. Die intelligente und freundliche Maine Coon hat die Angewohnheit, sich an den seltsamsten Plätzen in eigenwilligen Positionen zum Schlafen zusammenzurollen. Trotz ihrer beeindruckenden Statur ist sie sanft und ein unkompliziertes Haustier.

Erscheinungsbild: Die Maine Coon ist groß, lang und kräftig gebaut. Sie hat ein dichtes, strubbeliges, aber seidiges Fell und einen buschigen Schwanz von gleicher Länge wie ihr Körper. Der Kopf ist im Vergleich dazu eher klein, Augen und Ohren sind groß. »Luchspinsel« an den Ohrspitzen gelten als erwünschtes Merkmal.

Fellfarben: Die Maine Coon wird in allen natürlichen Farben und Farbkombinationen gezüchtet, außer in Chocolate, Lilac (Zartlila) oder Colourpoint. Eine blaue Maine Coon sollte von der Schwanzspitze bis zur Nase gleichmäßig graublau gefärbt sein – Pfotenballen und Nasenspiegel eingeschlossen.

57. Maine Coon Tabby

Es gibt gestromte und getigerte Maine Coon Tabbys.
In beiden Fällen tragen die Katzen die typische
»M«-Zeichnung auf der Stirn.

58. Maine Coon Silver-Tabby

Eine Maine Coon Silver-Tabby kann gestromt oder getigert sein. Auf dem silberweißen Fell dieser Katze heben sich die schwarzen Markierungen besonders eindrucksvoll ab.

Wer von uns hat nicht schon einmal
Katzen um ihre Gabe beneidet,
die alltäglichen Dinge und Sorgen des Lebens
zu ignorieren und vollkommen zu entspannen?

KAREN BRADEMEYER

59. Maine Coon Red-Tabby

Die dunkelrote Zeichnung einer gestromten oder getigerten Maine Coon Red-Tabby sollte gleichmäßig ausfallen und sich klar und deutlich von der hellroten Grundfarbe abheben. Ein Hauch von Weiß im Fell betont das Rot von Nasenspiegel und Ballen.

60. Maine Coon Tabby & Weiß

Eine weiße Maine Coon Tabby kann braun, blau, rot, silber- oder cremefarben gestromt oder getigert sein. Pfoten, Brust und Bauch sind so weiß, als wäre die Katze in einen Farbeimer getaucht worden.

61. Norwegische Waldkatze Golden Tabby

Die Norwegische Waldkatze, die in ihrem Heimatland Norwegen »Norsk Skaukatt« genannt wird, ist eine sehr alte Rasse. Man vermutet, dass sie auf den Schiffen der Wikinger die Weltmeere durchkreuzte. Schon in der nordischen Mythologie tritt eine riesenhafte Katze auf, die selbst der Gott Thor nicht hochzuheben vermochte. Sie begleitete Freya, die Göttin der Liebe und Fruchtbarkeit, und zog ihren Wagen über den Himmel. Auch norwegische Volksmärchen des 19. Jahrhunderts berichten von der Rasse. Die robuste Bauernhofkatze ist mit einem wasserabweisenden Fell ausgestattet und sehr geschickt bei der Jagd – furchtlos erklimmt sie jeden Baum. Auch wenn sie gern im Freien umherstreift, weiß sie eine warme und behagliche Wohnung durchaus zu schätzen. Ihr freundliches, zutrauliches und lebhaftes Naturell macht sie zu einer munteren, stets zum Spielen aufgelegten Gefährtin.

Erscheinungsbild: Die robuste, muskulöse Norwegische Waldkatze ist etwa so groß wie die Maine Coon und hat lange, kräftige Beine. Sie trägt einen ausgeprägten, buschigen Schwanz, ein wolliges, im Winter dichteres Unterfell, das ausgezeichnet vor Kälte schützt, und gröberes, wasserabweisendes Deckhaar. Der Kopf ist dreieckig. Sie hat einen wachsamen Blick aus weit auseinanderstehenden, mandelförmigen Augen.

Fellfarben: Die norwegische Waldkatze kommt in allen Farben und Zeichnungen vor.

62. Ragdoll Blue-Cream-Point

Die Ragdoll verdankt ihren Namen der ungewöhnlichen Angewohnheit, sich vollkommen zu entspannen und schlaff zu werden wie eine Stoffpuppe (englisch »ragdoll«), sobald man sie hochnimmt. Die Rasse wurde in den 1960er Jahren in den USA begründet und ist vermutlich aus einer Kreuzung zwischen einer weißen, nicht reinrassigen Perserkatze und einem Birmakater hervorgegangen. Die Ragdoll ist für ihr äußerst friedliches und liebevolles Naturell bekannt. So wurde der Rasse aufgrund ihrer Charaktermerkmale, der fortgesetzten Veredelung durch Zucht und ihr attraktives Erscheinungsbild eine große Anhängerschar beschert. In den 1990er Jahren züchtete man drei neue Varianten: Honeybear, Cherubim und RagaMuffin. Die RagaMuffin wird inzwischen von einigen Verbänden anerkannt. Die Ragdoll ist die sanftmütigste unter allen Rassekatzen und liebt menschliche Gesellschaft. Sie begrüßt ihren Besitzer schon an der Tür, um ihm dann treu durch das ganze Haus zu folgen.

Erscheinungsbild: Die Ragdoll ist eine große Halblanghaarkatze mit faszinierend blauen Augen. Ihr seidiges, plüschartiges Fell weist eine helle Grundfarbe mit dunkleren Points auf. Der breite Kopf ist annähernd keilförmig, Schnauze und Kinn sind gerundet. Sie trägt einen vollen, buschigen Schwanz.

Fellfarben: Die Ragdoll ist in drei Grundzeichnungen – Colourpoint, Mitted (mit weißen »Handschuhen« an den Vorderpfoten und weißen »Stiefeln« an den Hinterbeinen) und Bicolour – und den vier Farben Seal (Sandfarben), Blau, Chocolate und Lilac (Zartlila) anerkannt. Die beliebteste Variante ist die Colourpoint, deren Fell sich durch eine helle Grundfarbe und dunkler gefärbte Extremitäten, also Gesichtsmaske, Ohren, Beine und Schwanz, auszeichnet. Weiße Partien sind nicht erlaubt.

Eine Katze, die nicht gefunden werden will,
vermag sich nach Belieben zusammenzufalten
wie ein Taschentuch.

LOUIS J. CAMUTI

63. Ragdoll Blue-Point

Taubenblaue Akzente auf hellem Fell und strahlend blaue Augen geben dieser Ragdoll Blue-Point ein hinreißend elegantes und luxuriöses Aussehen.

64. Ragdoll Seal-Bicolour

Die Ragdoll Bicolour ist eine ebenso auffallende wie überraschende Mischung aus einer Colourpoint und einer weißen Katze. Ihr Körper trägt eine helle Farbe mit farbigen Points an Ohren, Maske und Schwanz – in diesem Fall Seal. Kinn, Brust und Bauch sowie die Beine sollten weiß sein, in den Points sollte dagegen möglichst kein Weiß auftauchen. Merkmal einer Ragdoll Bicolour mit Meisterschaftstitel ist eine weiße Gesichtszeichnung in Form eines umgekehrten »V«, das auf der Stirn beginnt und sich über die Nase nach unten zieht.

65. Somali Wildfarben

Die schöne Somali, häufig auch »kleine Fuchskatze« genannt, ist eine Halblanghaarvariante der Abessinierkatze. Bei amerikanischen Abessinierzüchtern tauchten in den 1950er Jahren vereinzelt langhaarige Kätzchen in kurzhaarigen Würfen auf. Die auffallende Schönheit der ausgewachsenen Tiere überzeugte die Züchterin Evelyn Mague, dass es sich lohnen würde, daraus eine eigene Rasse zu entwickeln. Als deren Stammvater gilt Magues Kater George. Die Somali ist zwar keine Wildkatze, wie ihr Äußeres vermuten ließe, aber sehr lebhaft und verspielt. Sie liebt und braucht viel menschliche Zuwendung und Aufmerksamkeit. Zudem ist sie äußerst intelligent: So lernt sie schnell, einen Wasserhahn auf- und zuzudrehen oder auf der Suche nach einem guten Versteck Türen zu öffnen und wieder zu schließen. Ihr aufgewecktes Naturell und ihr attraktives Aussehen machen die Somali zu einer beliebten Rasse.

Erscheinungsbild: Die Somali ist von mittelgroßer, athletischer Statur und hat ein weiches, seidiges Fell, das an der Halskrause und am Schwanz deutlich länger und üppiger ausfällt als am übrigen Körper.

Fellfarben: Die vier anerkannten Farben sind Ruddy (Wildfarben), Sorrel (Rotbraun), Blau und Fawn (Rehbraun). Die wildfarbene Somali wird am häufigsten gezüchtet. Ihr Fell zeigt einen goldenen Glanz mit dunkelbraunem oder schwarzem Ticking.

Den stillen Hinterhof durchstreifend
oder schlafend vor dem Kamin, ist er noch immer
kaum ein Schnurrhaar von der Wildnis entfernt.

JEAN BURDEN

66. Somali Fawn

Das warme, cremefarbene, zartrosa angehauchte Unterfell und die kakaobraunen Haarspitzen verleihen dieser Somali eine sanfte Ausstrahlung.

67. Somali Sorrel

Die Sorrel oder rote Somali ist die zweithäufigste Variante dieser Rasse. Ihr leuchtendes Fell trägt eine warme, kupferrote Grundfarbe und ein schokoladenbraunes Ticking.

68. Türkisch Van Rot-Weiß

Die wasserliebende Türkisch Van wird in ihrem Ursprungsland auch »Schwimmkatze« genannt. Es handelt sich um eine sehr alte Rasse, die aus der Region um den Vansee im Osten der Türkei stammt. Legenden erzählen, dass die Katzen, nachdem Noah am nahe gelegenen Berg Ararat gestrandet sei, die schützende Arche verlassen hätten und vom Berg hinabgestiegen seien. Weil Allah sie dabei berührt und gesegnet habe, trage ihr Fell an dieser Stelle noch heute die charakteristische kastanienrote Markierung. Die auffallende Van wurde in ihrem Land hoch geschätzt und verehrt. Erst Anfang der 1950er Jahre brachte man das erste Pärchen zum Aufbau einer Zucht nach Großbritannien. Die Türkisch Van hat ein liebevolles Naturell und ist sehr intelligent. Ihre bemerkenswerte Erscheinung und ihre schillernde Persönlichkeit machen es leicht, für sie zu schwärmen. Die Van liebt nicht nur das Wasser, sondern auch ihre Freiheit. Sie streift gern draußen umher und kommt und geht, wie es ihr beliebt.

Erscheinungsbild: Die Türkisch Van hat einen kräftigen, muskulösen Körper und ist sehr agil. Ihr auffallend gefärbtes, wasserabweisendes Fell ist lang und seidig. Die Außenbereiche der Stirn, die Ohren und der buschige Schwanz weisen eine charakteristische Markierung auf.

Fellfarben: Die beliebteste und häufigste Kombination ist Weiß mit Kastanienrot. Die Zeichnung an Kopf und Schwanz kann jedoch auch in anderen traditionellen Farben auftreten.

Langhaarkatzen

69. Perser Chinchilla Silver-Shaded

Ausgerechnet einem südamerikanischen Nagetier verdankt die bezaubernde und glamouröse Perser Chinchilla ihren Namen. Das Fell beider Tiere hat tatsächlich ähnliche Merkmale, doch anders als der silbergraue Nager, dessen dunkles Unterfell weiße Spitzen aufweist, trägt diese Perserkatze ein schneeweißes Fell, das an den Spitzen schwarz getippt ist. Sie gilt als eine der ältesten von Menschen gezüchteten Varianten der Rassekatzen. 1894 wurde sie bei einer Katzenausstellung im Londoner Kristallpalast zu einer eigenen Klasse. Ursprünglich war die Chinchilla viel dunkler als heute. Man vermutet, dass die Varietät aus Kreuzungen verschiedener Langhaarkatzen, insbesondere vom Typ Silver-Tabby, hervorgegangen ist. Die Perser Chinchilla ist etwas temperamentvoller als andere Perserkatzen und bringt ihrem Besitzer viel Aufmerksamkeit und Liebe entgegen.

Erscheinungsbild: Die Perser Chinchilla gilt als die eleganteste und schillerndste Vertreterin der Rasse. Verglichen mit anderen, charakteristisch kompakten und untersetzten Persern ist ihr Körperbau etwas zierlicher, die Knochen sind feiner. Ihre smaragdgrünen oder blaugrünen Augen sind schwarz oder braun gerändert.

Fellfarbe: Leuchtendes Schneeweiß mit feinem schwarzen Tipping, das gleichmäßig über Gesicht, Beine, Schwanz und Körper verteilt sein sollte.

70. Perser Chocolate

Die würdevolle, freundliche Perser gilt als die älteste Katzenrasse überhaupt. Eine langhaarige Katze taucht bereits in Hieroglyphen auf, was die Vermutung zulässt, dass es schon seit 1684 v. Chr. perserähnliche Tiere gibt. Nach ihrem mutmaßlichen Herkunftsgebiet Persien benannt, fand die Langhaarkatze im 16. Jahrhundert den Weg nach Europa. Dank ihres charakteristischen langen, dichten und weich fließenden Fells und ihrer großen, ausdrucksvollen Augen wurde sie schnell populär und als wertvoll erachtet. Ein Zuchtprogramm sorgte für eine so große Bandbreite an Farbschlägen, dass sie auf Katzenausstellungen in sieben verschiedene Gruppen unterteilt werden. Weil Perser gern posieren, sind sie zu den erklärten Katzenlieblingen der Fotografen geworden. Mit ihrem aufgeschlossenen, freundlichen und verspielten Naturell ist die Perserkatze eine liebevolle Gefährtin, die auch die Gesellschaft anderer Tiere genießt.

Erscheinungsbild: Die Perser ist eine große Katze mit einem starken, gedrungen wirkenden Körper, der von kräftigen, kurzen Beinen getragen wird. Das Fell ist lang und dicht mit ausgeprägter Halskrause. Perserkatzen haben große, runde, weit auseinanderstehende Augen, eine flache, kurze Nase und volle Wangen.

Fellfarbe: Üppiges Fell in warmem Schokoladenbraun bedeckt den gesamten Körper einer Perser in der modernen Farbe Chocolate. Selbst der Nasenspiegel trägt diese Farbe. Ein Hauch von Zimtbraun an den Pfotenballen und das leuchtende Kupferbraun der Augen setzen reizvolle Akzente.

71. **Perser** Rot

Die auffallende rote Perser wurde – ursprünglich unter der Bezeichnung »Orangefarbene« – 1895 in Großbritannien zum ersten Mal ausgestellt. Heute haben makellose Exemplare Seltenheitswert, da es extrem schwierig ist, die geltenden Standards zu erreichen, die eine hohe Farbtiefe verlangen. Tabbymarkierungen sind unerwünscht, treten aber häufig auf. Zudem kam es bei der Entwicklung dieser Varietät im Zweiten Weltkrieg zu einem Rückschlag, als die größte bekannte, ausgezeichnete Zucht roter Perser umkam. Wie alle Katzen dieser Rasse posiert auch die rote Perser gern. Sie hat die angenehme und freundliche Wesensart, für die Perserkatzen bekannt sind. Wie alles Seltene wird sie hoch geschätzt.

Erscheinungsbild: Die rote Perser hat einen kräftigen, gedrungenen Körper mit üppigem, seidigem Fell, große, runde, leuchtend kupferfarbene Augen und einen breiten, runden Kopf.

Fellfarbe: Das Fell dieser Rassekatze sollte einen reinen, dunklen, warmen Orangeton aufweisen, Nasenspiegel und Ballen sollten ziegelrot gefärbt sein.

72. Perser Colourpoint Cream-Point

Die Colourpoint, auch »Himalayan« genannt, ist eine Mischung aus Perser- und Siamkatze. In den 1920er und 1930er Jahren arbeiteten Züchter aus verschiedenen Ländern daran, eine Katze vom Persertyp zu züchten, die von der Siamkatze lediglich die auffallenden Abzeichen haben sollte. Der Zuchtprozess war komplex, schwierig und langwierig. Es dauerte Jahre, bis in Großbritannien und in den USA echte Colourpointwürfe geboren wurden. 1955, fast 30 Jahre nach den ersten Zuchtversuchen, wurde die Varietät in England, zwei Jahre später auch in den USA anerkannt. Was ihre Persönlichkeit betrifft, ist die Colourpoint eine echte Perserkatze: Sie liebt den Müßiggang, setzt sich auf Möbeln aller Art gekonnt in Szene und rollt sich bevorzugt auf einem warmen Schoß zusammen. Sie ist sehr menschenbezogen und lässt sich gern in alle häuslichen Aktivitäten einbeziehen.

Erscheinungsbild: Die Colourpoint hat – von der Siamzeichnung abgesehen – alle physischen Merkmale einer Perserkatze.

Fellfarben: Ursprünglich wurden nur die vier Grundvarietäten Seal- (Sandfarben), Lilac- (Zartlila), Blue- und Chocolate-Point anerkannt. Heute akzeptieren einige Verbände auch moderne Farben wie Tortieshell- (Schildpatt), Flame- (Rot), Tabby-, Blue-Cream- und Cream-Point.

Katzen sind intelligenter, als die Leute glauben;
man kann sie jedes Verbrechen lehren.

MARK TWAIN

73. Perser Lilac

Das dicke, seidige Fell dieser Perserkatze weist eine gleichmäßige taubenblaue Färbung auf. Die Augen leuchten in einem satten Kupferton oder in tiefem Orangerot und sind lavendelfarben umrandet. Sie passen ausgezeichnet zu dem rosafarbenen Schimmer des Fells.

74. Perser Brown-Tabby

Eine braune Langhaartabby kann gestromt oder getigert sein. Bei diesem Kätzchen wird die Grundfarbe – ein warmes Milchschokoladenbraun – durch dunkelbraune Markierungen akzentuiert.

75. Perser Chocolate-Point

Diese erhaben wirkende Perser trägt ein elfenbeinfarbenes Fell mit schokoladenbrauner Zeichnung. Ihre strahlend blauen, von einer dunkelbraunen Maske umgebenen Augen ziehen die Aufmerksamkeit geradezu magisch an.

Katzen der Rassengruppe Asian

76. Asian Shorthair Black-Tipped-Tabby

Die Rasse der neugierigen und extrovertierten Asian Shorthair umfasst mehrere Varianten: Neben der Burmilla (schattierte Asians, kommen auch mit Tipping vor) gehören auch einfarbige Katzen (Asian bzw. Bombay, falls sie schwarz sind) und die vier Varietäten der Asian Tabby (getupft, gestromt, getigert und getippt) zu dieser Gruppe. Die halblanghaarige Tiffanie ist eine Weiterentwicklung. Die Asian Shorthair entstand in den 1980er Jahren in Großbritannien nach einer zufälligen Verpaarung eines Burmaweibchens mit einem Chinchillakater. Die Nachkommen waren so attraktiv, dass ihre Besitzerin, Miranda von Kirchberg, ein Zuchtprogramm startete. 1989 wurde die Burmilla vom Gouverning Council of the Cat Fancy (GCCF) anerkannt, wenig später auch die anderen Varianten dieser Rassengruppe. Die Asian Shorthair hat ein bezauberndes Wesen. Sie ist ausgesprochen gelassen und sanft und zugleich eine geborene Alleinunterhalterin. Dank ihres höchst verträglichen Temperaments ist sie die perfekte Familienkatze.

Erscheinungsbild: Die Asian Shorthair ist wie die Burma mittelgroß, geschmeidig und muskulös und trägt ein kurzes Fell. Weibliche Tiere sind deutlich kleiner und zierlicher als Kater.

Fellfarben: Katzen dieser Rassengruppe gibt es in vielen Farben und Zeichnungen. Die Asian Shorthair Tabby, die in der zweiten Generation aus der Kreuzung von Burmilla- und Burmakatzen entstand, tritt in allen vier Tabbyvarianten auf.

77. Bombay Schwarz

Die schlanke, elegante Bombay mit ihrem charakteristischen pechschwarzen Fell gehört zu den ursprünglichen einfarbigen Asians. Sie ist in den 1980er Jahren aus der Kreuzung einer Europäischen Burma und Burmilla hervorgegangen und nicht mit der gleichnamigen nordamerikanischen Rasse zu verwechseln, die aus schwarzen Amerikanisch Kurzhaar und zobelfarbenen Grand-Champion-Burmas herausgezüchtet wurde. Bombaykatzen sind intelligent und verspielt, neugierig und gelehrig. Sie bedürfen viel menschlicher Zuwendung und Streicheleinheiten.

Erscheinungsbild: Die Bombay ist mittelgroß und von kompaktem Körperbau. Mit ihrem schwarzen, seidig glänzenden Fell und den großen, runden, kupferfarbenen Augen wirkt sie wie die Miniaturausgabe eines Schwarzen Panthers. Im Vergleich mit der Amerikanischen Bombay zeichnet sich die britische Katze durch größere Ohren und eine längliche Schnauze aus.

Fellfarbe: Schwarz.

78. Burmilla Silver-Shaded

Burmillas haben ein ausgeglichenes Temperament und sind äußerst intelligent. Diese moderne Rasse entstand 1981 in Großbritannien als Resultat einer zufälligen Paarung einer Burma Lilac mit einem Chinchilla-Silver-Kater. Die vier weiblichen Welpen dieses Wurfs hatten ein kurzes, dichtes Fell in der Farbe Black-Shaded-Silver und sorgten unter Katzenliebhabern sogleich für Furore, sodass die Besitzerin mit einem umfangreichen Zuchtprogramm begann. 1983 wurde der Burmilla Cat Club gegründet. Die Burmilla vereint die Charaktereigenschaften der Burma und der Perser Chinchilla aufs Angenehmste: Sie ist so verspielt und gesellig wie die Burma und besitzt zugleich die ruhige Gelassenheit einer Chinchilla. Kurz: Sie ist eine perfekte Familienkatze.

Erscheinungsbild: Der Körperbau ähnelt dem der Burma. Die Burmilla ist mittellang, geschmeidig und muskulös. Das prachtvolle, glänzende Fell ist kurz, dicht und seidig, die großen, ausdrucksvollen Augen sind dunkel umrandet.

Fellfarben: Die Burmilla trägt silber- oder goldfarbenes Fell, das eine Schattierung oder eine Spitzenfärbung in Schwarz beziehungsweise einer anderen Burmafarbe aufweist.

79. **Tiffanie** Brown-Tabby

Die freundliche, bildschöne Tiffanie vereint den Körperbau und die Farben einer Burmakatze mit dem langen, seidigen Haarkleid einer Perser. Sie wird häufig mit der amerikanischen Tiffany oder Chantilly (einer langhaarigen Burma) verwechselt, entstammt aber der britischen Burmillazucht und damit einer Kreuzung aus Burma und Chinchilla. Unter den Nachkommen dieser Kreuzungen gab es gelegentlich Katzen mit dem Langhaar-Gen der Chinchilla. Sie wurden zur Grundlage eines abweichenden Zuchtprogramms, das von der Engländerin Jeanne Bryson geleitet wurde. Die Tiffanie ist temperamentvoller als die Perserkatze und zurückhaltender als die Burma. Sie liebt und braucht die Gesellschaft ihrer Bezugspersonen, wird aber nicht nervös oder fordernd, wenn man sie allein lässt.

Erscheinungsbild: Die Tiffanie hat einen muskulösen Körperbau, ähnlich dem der Burma. Das Fell ist lang, fein und seidig.

Fellfarben: Die beliebtesten Farben sind Schwarz, Blau, Braun und Chocolate. Lilac (Zartlila) ist weniger verbreitet.

Das Sinnbild von Ruhe ist eine sitzende Katze.

JULES RENARD

80. Tiffanie Chocolate

Diese Tiffanie hat eine üppige Halskrause und einen warmen Karamellton als Grundfarbe. Die dunkleren Abzeichen mit kakaobraunem Shading betonen die eisblauen Augen.

81. Tiffanie Seal-Smoke

Das Fell der Smoke scheint seine Farbe auf magische Weise zu ändern. Das liegt daran, dass jedes einzelne Haar an der Wurzel hell ist und zur Spitze hin zunehmend dunkler wird. Eine ausgewachsene Tiffanie Seal-Smoke erscheint daher dunkelbraun, wenn sie sitzt oder liegt. Das silberhelle Unterfell zeigt sich erst, wenn sie sich in Bewegung setzt. Jungtiere der rauchfarbenen Farbvarietät weisen häufig noch den umgekehrten Kontrast auf oder tragen auffallende Markierungen, was sich jedoch in den meisten Fällen in der weiteren Entwicklung verliert.

82. Tiffanie Silver-Shaded

Durch ihr auffallend schönes, silbergrau schimmerndes Fell wirkt die elegante Silver-Shaded-Tiffanie sehr zart und zerbrechlich. Jedes einzelne silberhelle Haar weist eine schwarze Spitze auf.

Katzen der Rassengruppe Oriental

83. Balikatze Cream-Point

Die attraktive, zierliche, nach den Tänzern der Insel Bali benannte Balinese ist eigentlich eine halblanghaarige Siamvariante. Den Siamwurzeln verdankt sie auch ihre natürliche Eleganz. Die Rasse wurde Ende der 1940er Jahre in den USA aus einer natürlichen Mutation der Siamkatze entwickelt und 1983 von der Fédération Internationale Féline (FIFe) anerkannt. Die Rassestandards für Balinesen und Siamesen sind, von der Felllänge abgesehen, nahezu identisch. So hat die Balikatze einen ebenso langgestreckten und schlanken Körper wie ihre siamesische Verwandte und trägt einen keilförmigen Kopf. Sie gilt als intelligent, neugierig und lebhaft und liebt – ungeachtet ihrer scheinbaren Noblesse – Spaß und Spiel über alles. Sie hat eine leisere Stimme als die Siamkatze und ist eine treue und liebevolle Gefährtin.

Erscheinungsbild: Die Balinese ist der Siamkatze äußerlich recht ähnlich: Körper, Beine und Schwanz sind lang und grazil, das halblange Fell ist fein und seidig und verleiht der Balikatze eine sanfte Ausstrahlung. Die Augen leuchten saphirblau. Das Schwanzhaar ist lang und fedrig.

Fellfarben: Die Balinese Cream-Point hat ein pastellfarbenes Cremebeige als Grundfarbe, das an Brust und Bauch etwas heller erscheint. Ihre Augen sind von einem tiefen Blau. Weitere beliebte Varietäten sind Fawn-Point, Blue-Point, Chocolate-Point und Lilac-Point.

84. Balikatze Lilac-Point

Das Fell einer Balinese Lilac-Point ist reinweiß und trägt hellgraue Abzeichen mit einem zarten rosa- oder lavendelfarbenen Schimmer. Der Nasenspiegel und die Pfotenballen stimmen in der Färbung mit der Zeichnung überein. Die Katze hat lebhafte, strahlend blaue Augen.

85. Havana Braun

Die bildschöne, majestätisch wirkende Havana ist eine Varietät der Orientalisch Kurzhaar und stammt nicht aus Kuba, wie ihr Name vermuten lässt, sondern wurde in den 1950er Jahren in England gezüchtet. Ausgangspunkt für die Zucht war die Zufallspaarung einer schwarzen Kurzhaarkatze mit einer Siamkatze Chocolate-Point, aus der unter anderem ein einfarbig brauner Kater hervorging – der Stammvater der neuen Rasse. Die Havana wurde 1953 erstmals in England ausgestellt und 1958 offiziell anerkannt. Seit 1956 wird sie auch in den USA gezüchtet, wobei sich die Zuchtprogramme stark auseinanderentwickelt haben. Die amerikanische sogenannte Havana Brown hat, bedingt durch wiederholtes Rückkreuzen, einen runderen Kopf, eine kurze Nase und einen kürzeren, kräftigeren Körper als ihre britische Verwandte. Die Katzen beider Zuchtlinien gelten als hochintelligent, haben ein sanftes Naturell und sind sehr menschenbezogen.

Erscheinungsbild: Die Havana hat einen mittelgroßen, muskulösen Körper und bewegt sich anmutig und elegant. Ihr gleichmäßig gefärbtes, kurzes, weiches Fell ist glänzend und betont den schönen Körperbau. Der Kopf ist etwas länger als breit, die Ohren sind groß. Die oval geschnittenen Augen sollten eine leuchtend grüne Farbe aufweisen.

Fellfarbe: Die Havana hat ein tief schokoladenbraunes Fell, einen braunen Nasenspiegel und braunrosa Pfotenballen.

86. Javakatze Schwarz

Die elegante Javanese ist wie ihre nahen Verwandten, die Balinesen und Siamesen, eine bildschöne Katze mit grazilem, langgestrecktem Körperbau. Obwohl sich der Name je nach Züchterverband auf leicht unterschiedliche Typen bezieht, versteht man darunter in der Regel eine langhaarige Siamvariante, die andere als die traditionellen Balinesenfarben aufweist. In den 1960er Jahren tauchten in den USA in einigen Balinesenwürfen Kätzchen mit ungewöhnlicher Zeichnung auf, aus der man schließlich eine eigene Kategorie entwickelte. Während die Balikatze ihren Namen den grazilen balinesischen Tänzern verdankt, ist die Javanese nach den Tänzern der Insel Java benannt – obwohl weder die eine noch die andere Rasse von einer der beiden Inseln stammt. Die Javanese ist ausgesprochen lebhaft, gesellig und verspielt und nimmt gern an sämtlichen Vorkommnissen des häuslichen Lebens teil. Sie ist ausgesprochen neugierig und nahezu furchtlos, wenn es darum geht, die von ihr leidenschaftlich geliebten Plätze in luftiger Höhe zu erobern.

Erscheinungsbild: Die Javanese besitzt den eleganten, geschmeidigen, leicht eckigen Körper und keilförmigen Kopf einer Siamkatze. Sie trägt die gleichen großen blauen Augen, hat aber ein luxuriöses, langes und seidiges Fell mit einem reichen Spektrum an Farben.

Fellfarben: In den USA sind alle Farbschläge einer Kurzhaar Colourpoint erlaubt. In anderen Ländern stimmen die Farben der Javanese mit denen der Orientalisch Kurzhaar überein.

87. Orientalisch Kurzhaar Schwarz

Die mittelgroße, ausgesprochen elegant wirkende Orientalisch Kurzhaar trägt ein kurzes, eng anliegendes Fell und ist, was ihre körperlichen Merkmale betrifft, praktisch mit der Siamkatze identisch. Bei dieser Rasse kommen allerdings keine Fehlfarben vor, die typischen Colourpoints fehlen, und die Augenfarbe ist nicht vorgeschrieben. Sie gelten wie die Siamesen als »redselig«, neugierig und extrovertiert, haben aber eine etwas leisere Stimme. Die moderne Orientalisch Kurzhaar ist das Resultat eines gezielten, ehrgeizigen Zuchtprogramms, das in den 1950er Jahren begonnen wurde. 1977 erhielten diese Katzen erstmals den Champion-Status der Cat Fanciers' Association (CFA). Schnell avancierten sie zu einer der begehrtesten Rassen. Orientalisch Kurzhaar brauchen unbedingt Gesellschaft und lassen sich gerne verwöhnen und streicheln. Und tatsächlich ist es aufgrund ihres verspielten und intelligenten Wesens nahezu unmöglich, diese wunderbaren Tiere zu ignorieren.

Erscheinungsbild: Länge ist das hervorstechendste Merkmal der graziösen Orientalisch Kurzhaar: Die Ohren sind lang und spitz, die Beine lang und feingliedrig, der Schwanz lang und spitz zulaufend. Selbst die Nase ist lang und gerade.

Fellfarben: Orientalisch Kurzhaar kommen mittlerweile in mehr als 300 verschiedenen Farb- und Zeichnungsvarianten vor. Die häufigsten Farben sind Schwarz, Chocolate, Cinnamon (Zimtfarben) und Rot. Schwarze Katzen (auch als »Ebony« bezeichnet) haben ein lackschwarzes Fell und wundervolle leuchtend grüne Augen.

Neun Leben hat die Katze: drei zum Spielen,
drei zum Streunen, drei zum Bleiben.

SPRICHWORT

88. Orientalisch Kurzhaar Seal-Tabby

Eine Orientalisch Kurzhaar Seal-Tabby zeichnet sich durch deutliche schwarzbraune Tabbymarkierungen und eine beige- bis rehbraune Grundfarbe aus. In den USA wird für Katzen mit Tabbyzeichnung der Beiname »Lynx« (Luchs) verwendet.

89. **Siamkatze** Tabby-Point

Die schlanke, elegante Siamesin wirkt ebenso aristokratisch wie intelligent und gehört zu den ältesten Katzenrassen. Entsprechend häufig sind Katzen dieses Typs in der Kunst und Literatur ihrer ursprünglichen Heimat (dem heutigen Thailand) vertreten. Mit ihrem langgestreckten, eckigen Körperbau unterscheiden sich moderne Siamesen jedoch stark von ihren Vorfahren. Die erste Siamkatze kam Anfang des 19. Jahrhunderts nach Europa: Ein englischer Botschafter hatte sie kurz vor seiner Heimreise als Geschenk erhalten. Schon bald erfreute sich die Rasse in den vier traditionellen Varietäten Chocolate-, Lilac-, Blue- und Seal-Point großer Beliebtheit. Die Siamesin ist eine ausgesprochene »Menschenkatze«: Ihr extrovertierter Charakter und ihre laute Stimme sichern ihr fortwährende Aufmerksamkeit, während ihr neugieriges, liebevolles Naturell alle Herzen gewinnt.

Erscheinungsbild: Ob Körperlinien, Beine, Hals oder Schwanz: Alles an der Siamkatze ist lang. Das gilt auch für die spitz zulaufenden Ohren auf dem keilförmigen Kopf. Ihre Augen sind tiefblau und mandelförmig.

Fellfarben: Am häufigsten sind die klassischen Farben Seal- (Sandfarben), Lilac- (Zartlila), Blue- und Chocolate-Point. Es gibt aber auch Red- und Cream-Point-Siamesen sowie die Varianten Tabby-Point (USA: Lynx-Point), Tortie-Point (Schildpatt) und Tortie-Tabby-Point, bei denen allein die Abzeichen die charakteristische Tabby- bzw. Schildpattmarkierung tragen.

Sonstige Rassen

90. Munchkin Chocolate

Ungeachtet ihrer zwergenhaften Statur hat die in vielen Ländern umstrittene Munchkin inzwischen eine große Anhängerschaft und ein ebenso großes Spektrum an liebevollen Spitznamen wie »Dackel-«, »Mini-« oder »Frettchenkatze«. Ihr offizieller Name, Munchkin, ist der bekannten Erzählung »Der Zauberer von Oz« entlehnt. Extrem kurzbeinige Katzen, Ergebnis einer spontanen Genmutation, sollen bereits in den 1930er Jahren erstmals in Großbritannien aufgetaucht sein. Doch erst 1983, als in Louisiana zwei kurzbeinige Straßenkatzen gesichtet wurden, begannen Züchter in den Vereinigten Staaten mit der gezielten Entwicklung der Rasse. Das Gen, das für die kurzen Beine der Munchkin verantwortlich ist, tritt in ähnlicher Form auch bei Dackeln und Corgis auf. 1995 erkannte der amerikanische Züchterverband The International Cat Association (TICA) die neue Rasse an. Die Munchkin hat ein freundliches, angenehmes Wesen und gilt als sehr gesellig. Weil selbst ausgewachsene Tiere noch genauso verspielt sind wie kleine Kätzchen, wird die Munchkin gelegentlich auch »Peter-Pan-Katze« genannt.

Erscheinungsbild: Mit ihren charakteristischen kurzen Beinen – die Vorderbeine haben nur eine Länge von etwa 7,5 Zentimetern – ist die Munchkin gewissermaßen die Urmutter aller Zwergrassen. Sie hat einen mittellangen, kompakten Körper und wird sowohl in Kurzhaar- als auch in Langhaarvarianten gezüchtet.

Fellfarben: Sämtliche Fellfarben und Zeichnungen sind erlaubt.

91. Tibetan Red-Bicolour

Die rundliche und robuste Tibetan ist eine moderne Katzenrasse, deren Zucht sich noch im Aufbau befindet. Sie stammt von der neuseeländischen Clippercat ab, deren Vorfahren auf Schiffen nach Neuseeland gelangt sein sollen. Beide Rassen tragen das Gen für Polydaktylie (Vielzehigkeit). Normalerweise haben Katzen an den Vorderpfoten fünf und an den Hinterpfoten vier Zehen, die Tibetan kann jedoch bis zu sieben Zehen an Vorder- und Hinterpfoten aufweisen. Diese genetische Auffälligkeit gibt es seit mehreren Jahrhunderten, insbesondere bei Maine-Coon-Katzen war sie früher verbreitet. Weil der Schriftsteller Ernest Hemingway eine Maine Coon mit sechs Zehen besessen haben soll, werden Katzen mit Polydaktylie manchmal auch »Hemingway« genannt.

Erscheinungsbild: Die insgesamt rundlich wirkende Tibetan hat einen kompakten, muskulösen Körper von mittlerer Größe und auffallend breite Pfoten – groß genug für die überzähligen Zehen.

Fellfarben: Die Tibetan kommt in vielen Farbschlägen und Zeichnungen vor.

92. Lambkin Weiß

Die zutrauliche Lambkin (der Name bedeutet so viel wie »Lämmchen«) wird ganz passend auch »Katze im Lammfell« genannt und ist eine moderne Zwerghybride. Die Rasse entstand durch die Kreuzung von Munchkin- und Selkirk-Rex-Katzen. Das Ergebnis war ein kleinwüchsiges Tier mit plüschig-weichem, lockigem Fell. Beide Elternrassen entstanden aus natürlichen Mutationen aufgrund dominanter Gene, die an die Nachkommen weitervererbt werden. Die Lambkin vereint die Merkmale zweier für ihre Sanftheit und Geselligkeit bekannter Rassen. Sie ist verspielt, sehr aktiv und liebt die Gesellschaft von Menschen wie Tieren.

Erscheinungsbild: Die ungewöhnlich aussehende Lambkin vereint die körperlichen Merkmale der Munchkin – extrem kurze, stämmige Beine, einen mittelgroßen Körperbau, einen runden Kopf und große Augen – und das lockige Fell der Selkirk Rex.

Fellfarben: Die Lambkin ist in allen Farbschlägen und Zeichnungen zugelassen.

93. Napoleon Weiß

Auch die Napoleon ist eine moderne amerikanische Rasse mit kurzen Beinen. 1996 begann der Züchter Joe Smith, Katzen vom Persertyp (Perser, Colourpoint-Perser und Exotisch Kurzhaar) gezielt mit der kurzbeinigen Munchkin zu kreuzen. Das Ergebnis wurde, sicherlich aufgrund der kleinen Statur, auf den Namen »Napoleon« getauft. Die Katze hat den robusten, kräftigen Körper, das rundliche Gesicht, die runden Augen und das dichte, farbenprächtige Fell der Perser sowie die kurzen Beine der Munchkin. Die Rasse zeichnet sich durch ein angenehmes, ausgeglichenes Temperament aus und gewinnt zunehmend an Beliebtheit. Die verspielten Napoleonkatzen gelten als gute Läufer, Kletterer und Springer. Liebevoll, wie sie sind, rollen sie sich aber auch gern in aller Ruhe auf dem Schoß ihres Besitzers zusammen.

Erscheinungsbild: Die Napoleon hat einen mittellangen, kräftigen, gedrungenen Körper und kurze, stabile Beine. Der runde Kopf mit den vollen Wangen wird von großen, runden Augen beherrscht. Die Napoleon kann sowohl kurze als auch lange Haare tragen. Die Langhaarvariante besitzt ein üppiges, langes Fell, die Kurzhaarvariante ein plüschartiges Haarkleid, das länger ist als das der meisten Kurzhaarrassen.

Fellfarben: Die Napoleon gibt es in allen Farben und Zeichnungen.

94. Skookum Weiß/Creme-Weiß

Die Skookum, die manchmal auch liebevoll »Shirley-Temple-Katze« genannt wird, ist eine moderne Rasse, die in den 1990er Jahren von Roy Galusha in den USA gezüchtet wurde. Weil Galusha eine kleine, kurzbeinige Katze mit lockigem Fell hervorbringen wollte, kreuzte er die kleine Munchkin mit der gelockten LaPerm. Die Skookum vereint die Temperamente beider Elternrassen: das verspielte, freundliche Naturell der Munchkin und den hingebungsvollen, aufmerksamen Charakter der LaPerm. Die Skookum ist eine ausgesprochen treue und liebevolle Katze, die gerne springt und klettert und ihr ganzes Leben so verspielt und ausgelassen bleibt wie ein junges Kätzchen.

Erscheinungsbild: Die Skookum hat den Körperbau der kurzbeinigen Munchkinkatze. Allerdings können in jedem Wurf sowohl kurz- als auch langbeinige bzw. Standard- und Nichtstandardkätzchen auftreten. Körper und Hals sind mittelgroß, der Kopf ist rund. Große Augen und auffallende, gekräuselte Schnurrhaare und Brauen prägen das Gesicht. Das kurz- oder langhaarige Fell ist lockig oder gewellt und sehr weich.

Fellfarben: Alle Farbschläge und Muster kommen vor.

95. Hauskatze Braun gestromt

Die stammbaumlose Hauskatze mit Tabbyzeichnung ist vermutlich das am weitesten verbreitete Haustier überhaupt. Das liegt zweifellos auch daran, dass die gestromte, getupfte oder getigerte Hauskatze die beiden dominantesten Gene der Katzenwelt trägt: das Tabby-Gen und das Kurzhaar-Gen. Das Tabbymuster ist eine sehr wirkungsvolle Form der Tarnung und stammt noch von der Urahnin aller heutigen Katzen, der Afrikanischen Wildkatze. Wie ihre Vorfahren zeichnet sich auch die moderne Hauskatze als begabte, selbstgenügsame Jägerin aus, die sich in Haus und Garten nützlich zu machen weiß. Trotz ihrer Unabhängigkeit ist sie im Herzen eine Katze wie andere auch und wird weder einen einladenden Schoß noch einen gemütlichen Sitzplatz vor dem Kaminfeuer verschmähen.

Erscheinungsbild: Das Fell einer gestromten Katze hat breite Streifen, die normalerweise ein Schmetterlingsmuster bilden. Auf den Flanken sollte jeweils ein »Bullauge« – ein von Kreisen eingefasster Fleck – zu sehen sein. Gestromte Katzen tragen wie getigerte und getupfte die charakteristische »M«-förmige Zeichnung auf der Stirn.

Fellfarben: Braun ist die beliebteste Farbe bei gestromten Hauskatzen. Auf der hellbraunen Grundfarbe des Fells kommen die schwarzen Markierungen besonders zur Geltung. Augen und Nase sind schwarz umrandet.

96. Hauskatze Rot gestromt

Die Rotfärbung bei Katzen wird von einem Gen verursacht, das Genetiker früher »Gelb-Gen« nannten und heute als »Orange-Gen« bezeichnen. Katzenzüchter sprechen von »roten« Katzen. Welchen Namen man der Farbe auch immer geben möchte: Eine Katze, deren Fell diesen warmen gelbroten bis rostroten Ton aufweist, bietet ohne Zweifel einen schönen Anblick. In Verbindung mit dem Tabbymuster sorgt das genannte Gen für einen geradezu hypnotischen, flammenähnlichen Effekt.

Die Zeit, die man mit einer Katze verbringt,
ist niemals verschwendet.

SIGMUND FREUD

97. Hauskatze Silber gestromt

Die königliche Silver-Tabby besitzt ein besonders schön gezeichnetes, kontrastreiches Fell. Die dunklen Markierungen scheinen förmlich aus der hellsilbrigen Grundfarbe herauszuspringen. Eine dicke schwarze Umrandung betont den ziegelroten Nasenspiegel und die Augen.

98. Hauskatze Kurzhaar Schwarz

Auch diese einfarbig schwarzen Kurzhaarkätzchen besitzen keinen Stammbaum und sind entweder unbekannter oder gemischter Herkunft, gehören jedenfalls zu keiner anerkannten Rasse. Hauskatzen gibt es schon sehr lange. Die Menschen begannen wild lebende Katzen zu domestizieren, weil sie ihre Künste in der Mäuse- und Rattenjagd zu schätzen wussten und ihre Schönheit und Unabhängigkeit bewunderten. Weil die Katze nicht nur freiheitsliebend, sondern auch gesellig und anpassungsfähig ist, gehört sie heute als fester Bestandteil zu unserem Leben und bereichert mit ihrer Lebensfreude, Energie und liebevollen Zugewandtheit den Alltag.

Erscheinungsbild: Die Hauskatze hat einen starken und muskulösen Körper, ist mittelgroß bis groß und kann in allen Felllängen vorkommen.

Fellfarben: Hauskatzen gibt es in allen Farben und Mustern. Schwarze, schwarz-weiße und Katzen mit Tabbyzeichnung gelten als die beliebtesten.

99. Hauskatze Halblanghaar Weiß

Die Farbe Weiß wurde als Symbol der Reinheit schon immer hoch geschätzt. Weiße Katzen bilden in dieser Hinsicht keine Ausnahme. Bis heute erfreuen sie sich besonderer Bewunderung und sind die erklärten Stars jeder Katzenausstellung. Auch wenn die weiße Hauskatze weniger glamourös daherkommt als eine weiße Edelkatze, war sie noch im späten 19. Jahrhundert vor allem bei Müllern äußerst begehrt, da sie perfekt getarnt in den Mehllagern auf Mäusejagd geschickt werden konnte.

100. Hauskatze Langhaar Blau

Die langhaarige Hauskatze gilt im Vergleich mit ihren kurzhaarigen Vettern und Cousinen als ruhiger und reservierter und ist eine beliebte Familienkatze. Tabbymuster und Zweifarbigkeit kommen am häufigsten vor. Diese einfarbige Halblanghaarkatze trägt ein gleichmäßig gefärbtes Fell in leuchtendem Schieferblau.

101. Perser Colourpoint Blue-Point

Die letzte Katze in diesem Buch ist mein Kater Edmund. Eddie ist eigentlich mehr ein Hund als eine Katze. Als Perserkater gehört er einer Rasse an, die ohnehin für ihre Gelassenheit bekannt ist, doch Eddie ist vermutlich der Inbegriff von Seelenruhe. Man könnte fast auf die Idee kommen, ihn als faul zu bezeichnen. Ich nenne ihn »Gassenjunge«, weil er es sich für sein Leben gern im Rinnstein unserer Straße gemütlich macht und mit jedem, der vorbeikommt, ein Schwätzchen hält. Wenn er einmal unartig ist (was höchst selten vorkommt), drohe ich ihm damit, aufs Land zu ziehen, wo es keine Nachbarn gibt, mit denen er plaudern könnte.

Wer Eddie kennenlernt, verliebt sich in ihn. Mit seinem ewig mürrischen Gesichtsausdruck (obwohl er nicht im Entferntesten mürrisch ist) sieht er einfach umwerfend komisch aus. Eddie ist allerdings sehr herrschsüchtig, ein echter Boss, der dafür sorgt, dass die Katzen in der Nachbarschaft nicht aus der Reihe tanzen.

Außerdem ist Eddie ein Schmutzfink, der regelmäßig eine Wäsche und einen Haarschnitt benötigt. Ich vermute, das liegt daran, dass er zu früh von seiner Mutter getrennt wurde und nicht gelernt hat, wie man sich selbst wäscht. Es könnte natürlich auch etwas mit seiner extremen Faulheit zu tun haben. Eddie und seine Schwester waren die einzigen Überlebenden aus einem großen Wurf. Ich lernte die beiden kennen, als ich Katzen für den örtlichen Tierschutzverein fotografierte. Zuerst entdeckte ich seine Schwester Hillary, ein bildhübsches kleines Bündel, das auf der Rezeptionstheke thronte. Als ich sie sah, setzte mein Herz für einen Moment aus. Umso größer war meine Enttäuschung, als ich erfuhr, dass die winzige Katze bereits vergeben war. Doch dann erspähte ich ihren ebenso wundervollen Bruder, und es war um mich geschehen. Weil seine Schwester Hillary hieß und Colourpoint-Perser auch »Himalayan« genannt werden, konnte ich meinen kleinen Kater eigentlich nur »Edmund« nennen – nach dem legendären Everest-Bezwinger Sir Edmund Hillary. Auch wenn Eddie keinerlei Anzeichen einer besonderen sportlichen Begabung erkennen lässt, bin ich sicher, dass er die Anrede »Sir« für durchaus angemessen hält.

Register

Katzenverbände weltweit

ACF Australian Cat Federation
ACFA American Cat Fanciers Association
CATZ Inc. New Zealand National Registry for Cats
CCA Canadian Cat Association
CFA Cat Fanciers' Association (USA)
FIFe Fédération Internationale Féline (Europa und international)
GCCF Governing Council of the Cat Fancy (GB)
NZCF New Zealand Cat Fancy
RVDE Regionalverband deutscher Edelkatzenzüchter
TDCA The Designer Cat Association
TICA The International Cat Association
TSACC The Southern African Cat Council

Kurzhaarkatzen

1. Abessinier – CFA; NZCF; GCCF; TICA; CCA; ACF; TSACC; FIFe; CATZ; ACFA
2. Bengalkatze – NZCF; GCCF; TICA; CCA; ACF; TSACC; TDCA; FIFe; ACFA
3. Britisch Kurzhaar – CFA; NZCF; GCCF; TICA; CCA; ACF; FIFe; CATZ; ACFA
4. Burmakatze – CFA; NZCF; GCCF; TICA; CCA; ACF; TSACC; FIFe; CATZ; ACFA
5. Classicat – NZCF
6. Cornish Rex – CFA; NZCF; GCCF; TICA; CCA; ACF; TSACC; TDCA; FIFe; CATZ; ACFA
7. Devon Rex – CFA; NZCF; GCCF; TICA; CCA; ACF; TSACC; TDCA; FIFe; CATZ; ACFA
8. Ägyptische Mau – NZCF; GCCF; TICA; CCA; ACF; FIFe; CATZ; ACFA
9. Exotisch Kurzhaar – CFA; NZCF; GCCF; TICA; CCA; ACF; TSACC; FIFe; CATZ, ACFA
10. Japanische Stummelschwanzkatze – CFA; NZCF; TICA; CCA; ACF; TSACC; FIFe; CATZ; ACFA
11. Korat – CFA; GCCF; TICA; CCA; ACF; TSACC; FIFe; CATZ; ACFA
12. Mandalay – NZCF; CATZ
13. Manx – CFA; NZCF; TICA; CCA; ACF; TSACC; TDCA; FIFe; CATZ, ACFA
14. Ocicat – CFA; NZCF; GCCF; TICA; CCA; ACF; FIFe; CATZ; ACFA
15. Russisch Blau – CFA; NZCF; GCCF; TICA; CCA; ACF; TSACC; FIFe; CATZ; ACFA
16. Schottische Faltohrkatze – CFA; NZCF; TICA; CCA; ACF; TSACC; TDCA; CATZ; ACFA
17. Selkirk Rex – CFA; NZCF; GCCF; TICA; CCA; ACF; TDCA; CATZ; ACFA
18. Singapura – CFA; NZCF; GCCF; TICA; CCA; ACF; TSACC; ACFA
19. Snowshoe – GCCF; TICA; FIFe; CATZ, ACFA
20. Sphynx – CFA; NZCF; GCCF; TICA; CCA; ACF; TSACC; TDCA; FIFe; CATZ; ACFA
21. Tempelkatze – CATZ
22. Tonkanese – CFA; NZCF; GCCF; TICA; CCA; ACF; TSACC; CATZ; ACFA

Halblanghaarkatzen

23. Birma – CFA; NZCF; GCCF; TICA; CCA; ACF; TSACC; CATZ; ACFA
24. Cymric – NZCF; TICA; CCA; ACF; TSACC; TDCA; FIFe; CATZ
25. Highland Fold – CFA (unter Scottish Fold Longhair); TICA; ACF (Scottish Fold Longhair); TSACC; CATZ; ACFA
26. Highland Variant
27. Japanische Stummelschwanzkatze Halblanghaar – CFA; NZCF; TICA; ACF; ACFA
28. LaPerm – CFA; NZCF, GCCF; TICA; TSACC; TDCA; CATZ
29. Maine Coon – CFA; NZCF; GCCF; TICA; CCA; ACF; TSACC; FIFe; CATZ; ACFA
30. Norwegische Waldkatze – CFA; NZCF; GCCF; TICA; CCA; ACF; TSACC; FIFe; CATZ; ACFA
31. Ragdoll – CFA; NZCF; GCCF; TICA; CCA; ACF; TSACC; FIFe; CATZ; ACFA
32. Somali – CFA; NZCF; GCCF; TICA; CCA; ACF; TSACC; CATZ; ACFA
33. Türkisch Van – CFA; NZCF; TICA; ACF; TSACC; FIFe; CATZ; ACFA

Langhaarkatzen

34. Perser Chinchilla – CFA (unter Perser); NZCF; GCCF; TICA (Perser); CCA
35. Perser – CFA; NZCF; GCCF; TICA; CCA; ACF; TSACC; FIFe; CATZ; ACFA
36. Perser Colourpoint – CFA (Colourpoint); NZCF (Colourpoint); GCCF; TICA; CCA; ACF (Colourpoint); ACFA

Katzen der Rassengruppe Asian

37. Asian Shorthair – GCCF
38. Bombay – CFA; GCCF; TICA; CCA; ACF; TSACC; ACFA
39. Burmilla – NZCF; GCCF; CCA; ACF; TSACC; FIFe; CATZ
40. Tiffanie – GCCF; TSACC

Katzen der Rassengruppe Oriental

41. Balikatze – CFA; NZCF; GCCF; TICA; CCA; ACF; TSACC; FIFe; CATZ
42. Havana – CFA (Havana Brown); GCCF; TICA; CCA; ACFA
43. Javakatze – CFA; NZCF; ACF; CATZ
44. Orientalisch Kurzhaar – CFA; NZCF; GCCF; TICA; CCA; ACF; ACFA
45. Siamkatze – CFA; NZCF; GCCF; TICA; CCA; ACF; TSACC; FIFe; CATZ; ACFA

Sonstige Rassen

46. Munchkin – TICA; TDCA; CATZ
47 Tibetan
48. Lambkin – TDCA
49. Napoleon – TDCA; CATZ
50. Skookum – TDCA
51. Hauskatze (Katze ohne Stammbaum) – TICA; TSACC (auf den meisten Ausstellungen gibt es eine Abteilung für Katzen ohne Stammbaum)

Bildnachweis
Copyright © 2009 Rachael Hale Trust:
S. 10 (Abessinier), S. 103 (Birma), S. 34 (Burmakatze), S. 37 (Burmakatze), S. 38 (Burmakatze), S. 41 (Burmakatze), S. 170 (Burmilla), S. 45 (Classicat), S. 212 (Hauskatze), S. 51 (Devon Rex), S. 186 (Havana), S. 109 (Highland Fold), S. 110 (Highland Fold), S. 220 (Perser Colourpoint), S. 62 (Japanische Stummelschwanzkatze), S. 115 (Japanische Stummelschwanzkatze), S. 202 (Lambkin), S. 119 (LaPerm), S. 117 (LaPerm), S. 120 (LaPerm), S. 70 (Manx), S. 198 (Munchkin), S. 204 (Napoleon), S. 72 (Ocicat), S. 75 (Ocicat), S. 77 (Ocicat), S. 83 (Selkirk Rex), S. 84 (Selkirk Rex), S. 86 (Selkirk Rex), S. 89 (Singapura), S. 207 (Skookum), S. 90 (Snowshoe), S. 142 (Somali), S. 145 (Somali), S. 201 (Tibetan), S. 179 (Tiffanie), S. 147 (Türkisch Van).

Alle anderen Bilder, inklusive Umschlag, Copyright © Dissero Brands Limited, Neuseeland. Alle Rechte vorbehalten. www.rachaelhale.com

S. 166 (Asian Shorthair), S. 182 (Balikatze), S. 185 (Balikatze), S. 13 (Bengalkatze), S. 15 (Bengalkatze), S. 17 (Bengalkatze), S. 101 (Birma), S. 168 (Bombay), S. 22 (Britisch Kurzhaar), S. 24 (Britisch Kurzhaar), S. 27 (Britisch Kurzhaar), S. 19 (Britisch Kurzhaar), S. 25 (Britisch Kurzhaar), S. 21 (Britisch Kurzhaar), S. 29 (Britisch Kurzhaar), S. 30 (Britisch Kurzhaar), S. 42 (Burmakatze), S. 151 (Perser Chinchilla), S. 209 (Hauskatze), S. 210 (Hauskatze), S. 49 (Cornish Rex), S. 46 (Cornish Rex), S. 106 (Cymric), S. 105 (Cymric), S. 53 (Devon Rex), S. 218 (Hauskatze Langhaar), S. 217 (Hauskatze Halblanghaar), S. 214 (Hauskatze Kurzhaar), S. 54 (Ägyptische Mau), S. 61 (Exotisch Kurzhaar), S. 59 (Exotisch Kurzhaar), S. 112 (Highland Variant), S. 156 (Perser Colourpoint), S. 189 (Javakatze), S. 64 (Korat), S. 123 (Maine Coon), S. 129 (Maine Coon), S. 126 (Maine Coon), S. 125 (Maine Coon), S. 131 (Maine Coon), S. 67 (Mandalay), S. 68 (Mandalay), S. 133 (Norwegische Waldkatze), S. 193 (Orientalisch Kurzhaar), S. 190 (Orientalisch Kurzhaar), S. 161 (Perser), S. 153 (Perser), S. 162 (Perser), S. 159 (Perser), S. 154 (Perser), S. 136 (Ragdoll), S. 135 (Ragdoll), S. 139 (Ragdoll), S. 79 (Russisch Blau), S. 81 (Schottische Faltohrkatze), S. 194 (Siamkatze), S. 141 (Somali), S. 92 (Sphinx), S. 95 (Tempelkatze), S. 172 (Tiffanie), S. 175 (Tiffanie), S. 177 (Tiffanie), S. 97 (Tonkanese).

Bibliografische Information Der Deutschen Nationalbibliothek
Die Deutsche Nationalbibliothek verzeichnet diese Publikation in der Deutschen Nationalbibliografie; detaillierte bibliografische Daten sind im Internet unter http://dnb.d-nb.de abrufbar.

Titel der Originalausgabe:
The Cat's Pyjamas. 101 Of The World's Cutest Cats
Erschienen bei PQ Blackwell Limited
116 Symonds Street, Auckland, Neuseeland, 2008
Text und Konzept © 2008 PQ Blackwell

Deutsche Erstausgabe
Copyright © 2008 von dem Knesebeck GmbH & Co. Verlag KG, München
Ein Unternehmen der La Martinière Groupe

Umschlaggestaltung: Gudrun Bürgin
Satz: satz & repro Grieb, München
Druck: Midas Printing International, China
Printed in China

ISBN 978-3-86873-030-2

Alle Rechte, insbesondere das Recht der Vervielfältigung und Verbreitung, vorbehalten. Kein Teil des Werkes darf in irgendeiner Form (durch Fotokopie, Mikrofilm oder ein anderes Verfahren) ohne schriftliche Genehmigung des Verlages reproduziert oder unter Verwendung elektronischer Systeme verarbeitet, vervielfältigt oder verbreitet werden.

www.knesebeck-verlag.de